图像处理与短视频制作教程

主　编　汤　君　李永敬

副主编　王　晶　刘质朴

参　编　王雅馨　倪　彤

机械工业出版社

本书是以当下主流的图像处理、短视频剪辑与动画特效制作软件 Photoshop、剪映、Premiere Pro、After Effects 为蓝本进行编写的，内容对接产业行业、职业岗位及核心应用，指向明确、操作性强。书中的知识点学习均配备二维码，整书配套在线精品课程，尤其适合读者自主学习和个性化学习，真正实现图像处理与短视频制作的"一本通"。

本书可作为职业院校数字媒体技术、影视多媒体技术等专业的教材，也可作为短视频制作人员的参考书。

本书配有电子课件、素材等资源，选用本书作为授课教材的教师可登录机械工业出版社教育服务网（www.cmpedu.com）注册后免费下载或联系编辑（010-88379807）咨询。

图书在版编目（CIP）数据

图像处理与短视频制作教程 / 汤君，李永敬主编.
北京：机械工业出版社，2025.2. -- ISBN 978-7-111-77836-3

Ⅰ．TN911.73；TN948.4
中国国家版本馆CIP数据核字第2025962MM7号

机械工业出版社（北京市百万庄大街22号　邮政编码100037）
策划编辑：张星瑶　　　　　责任编辑：张星瑶
责任校对：贾海霞　王　延　　封面设计：严娅萍
责任印制：常天培
北京机工印刷厂有限公司印刷
2025年3月第1版第1次印刷
184mm×260mm・11.5 印张・299 千字
标准书号：ISBN 978-7-111-77836-3
定价：49.00元

电话服务　　　　　　　　　网络服务
客服电话：010-88361066　　机　工　官　网：www.cmpbook.com
　　　　　010-88379833　　机　工　官　博：weibo.com/cmp1952
　　　　　010-68326294　　金　书　网：www.golden-book.com
封底无防伪标均为盗版　机工教育服务网：www.cmpedu.com

前言 / PREFACE

伴随数字时代的到来，人们早已不满足纯静态的文本和图片呈现及记录模式，图像、影像记录已渗透到人们生活、工作的方方面面。基于优质图片素材所制作的短视频已成为大众信息分享的重要方式，在社会舆情表达、娱乐健康生活和商品信息传递等方面发挥着日趋显著的作用。

为全面贯彻落实党的二十大"加强全媒体传播体系建设，塑造主流舆论新格局""增强中华文明传播力影响力"等要求，编者编写了本书。本书内容紧扣当前现代服务业和新职业发展趋势，聚焦短视频的应用，以短视频助推产业形成多领域的交叉融合，赋能更多行业发展，践行"岗课证赛"育人一体化的理念，培养学生运用专业所学开展短视频创作与运营实践，培养创新思维，提高创新能力。

本书主要讲解图像处理、短视频剪辑以及动画特效制作，共4篇，包括Photoshop篇、剪映篇、Premiere Pro篇和After Effects篇。本书配有电子课件、素材、操作视频等电子资源，还配有在线精品课程（https://mooc1.chaoxing.com/course/218859741.html）。读者可以根据需要进行在线学习，打造线上线下混合教学模式。

本书由汤君、李永敬任主编，王晶、刘质朴任副主编，参与编写的还有王雅馨和倪彤。具体编写分工如下：当涂经贸学校汤君负责编写Photoshop篇及课程资源制作，社旗县中等职业学校李永敬、郴州职业技术学院王晶负责编写剪映篇及课程资源制作，社旗县中等职业学校刘质朴负责编写After Effects篇及课程资源制作，内蒙古经贸学校王雅馨负责编写Premiere Pro篇及课程资源制作，安徽理工大学倪彤负责统稿。

由于编写水平有限，本书难免存在不足之处，恳请广大读者提出宝贵意见。

编　者

二维码索引 / QR code index

	任务名称	二维码	页码	任务名称	二维码	页码
Photoshop 篇	任务1 绘制 Logo		002	任务6 成衣着色		028
	任务2 溶图、扩图		009	任务7 图形置换		031
	任务3 制作线条稿		014	任务8 ACR-点颜色、镜头模糊		036
	任务4 手提袋贴图		019	任务9 精确抠像		040
	任务5 花瓶贴图		023	任务10 创建四类蒙版		044
剪映篇	任务1 模板应用		050	任务7 关键帧应用		070
	任务2 剪辑视频		053	任务8 插入画中画		073
	任务3 添加转场		057	任务9 抠像		076
	任务4 添加特效		061	任务10 蒙版应用		079
	任务5 编辑音频		065	任务11 添加AI效果		085
	任务6 添加字幕		067			

（续）

	任务名称	二维码	页码	任务名称	二维码	页码
Premiere Pro 篇	任务1 认识工作界面		090	任务6 色彩调整		106
	任务2 体验基本流程		093	任务7 制作闪烁震动		109
	任务3 分割分离素材		097	任务8 添加转场效果		112
	任务4 快捷键操作		101	任务9 添加分屏效果		115
	任务5 音频调整		103	任务10 颜色键操作		119
After Effects 篇	任务1 添加文字动画		124	任务6 制作立体图片		151
	任务2 添加图形动画		130	任务7 After Effects 表达式应用		156
	任务3 添加图片动画		136	任务8 跟踪运动		160
	任务4 制作立体文字		140	任务9 Saber 插件应用		165
	任务5 制作立体图形		147	任务10 LoopFlow 插件应用		170

目录 / CONTENTS

前言
二维码索引

Photoshop 篇

任务1　绘制Logo　　// 002
任务2　溶图、扩图　　// 009
任务3　制作线条稿　　// 014
任务4　手提袋贴图　　// 019
任务5　花瓶贴图　　// 023
任务6　成衣着色　　// 028
任务7　图形置换　　// 031
任务8　ACR-点颜色、镜头模糊　　// 036
任务9　精确抠像　　// 040
任务10　创建四类蒙版　　// 044

剪映篇

任务1　模板应用　　// 050
任务2　剪辑视频　　// 053
任务3　添加转场　　// 057
任务4　添加特效　　// 061
任务5　编辑音频　　// 065
任务6　添加字幕　　// 067
任务7　关键帧应用　　// 070
任务8　插入画中画　　// 073
任务9　抠像　　// 076
任务10　蒙版应用　　// 079
任务11　添加AI效果　　// 085

Premiere Pro 篇

任务1　认识工作界面　　// 090
任务2　体验基本流程　　// 093
任务3　分割分离素材　　// 097
任务4　快捷键操作　　　// 101
任务5　音频调整　　　　// 103
任务6　色彩调整　　　　// 106
任务7　制作闪烁震动　　// 109
任务8　添加转场效果　　// 112
任务9　添加分屏效果　　// 115
任务10　颜色键操作　　 // 119

After Effects 篇

任务1　添加文字动画　　// 124
任务2　添加图形动画　　// 130
任务3　添加图片动画　　// 136
任务4　制作立体文字　　// 140
任务5　制作立体图形　　// 147
任务6　制作立体图片　　// 151
任务7　After Effects表达式应用　// 156
任务8　跟踪运动　　　　// 160
任务9　Saber插件应用　　// 165
任务10　LoopFlow插件应用　// 170

参考文献　　// 175

Photoshop 篇

- 任务1　绘制Logo　// 002
- 任务2　溶图、扩图　// 009
- 任务3　制作线条稿　// 014
- 任务4　手提袋贴图　// 019
- 任务5　花瓶贴图　// 023
- 任务6　成衣着色　// 028
- 任务7　图形置换　// 031
- 任务8　ACR-点颜色、镜头模糊　// 036
- 任务9　精确抠像　// 040
- 任务10　创建四类蒙版　// 044

任务1　绘制Logo

任务1　绘制Logo	班级：	姓名：
学习领域：平面设计	地点：	日期：

任务目标

1. 学会Photoshop 2024的安装
2. 熟悉Photoshop的工作界面
3. 学会新建、存储Photoshop文档
4. 理解平面设计中"分层设计"的基本原则
5. 掌握Photoshop相关工具的操作

任务导入

登录视频网站，观看Photoshop作品，感受技术与艺术的创作之美。

任务准备

Photoshop安装及环境配置，准备相应的图片素材。

任务实施

步骤	图示
1. 将Photoshop中文免安装版完整的文件夹直接复制、粘贴至C:\Program Files\Adobe文件夹中。双击Photoshop主程序：Photoshop.exe，启动Photoshop	

步骤	图示
2. 单击"新建"按钮,打开"新建文档"对话框,选择一个默认的文档模板,再单击"创建"按钮,在Photoshop中新建一个文档	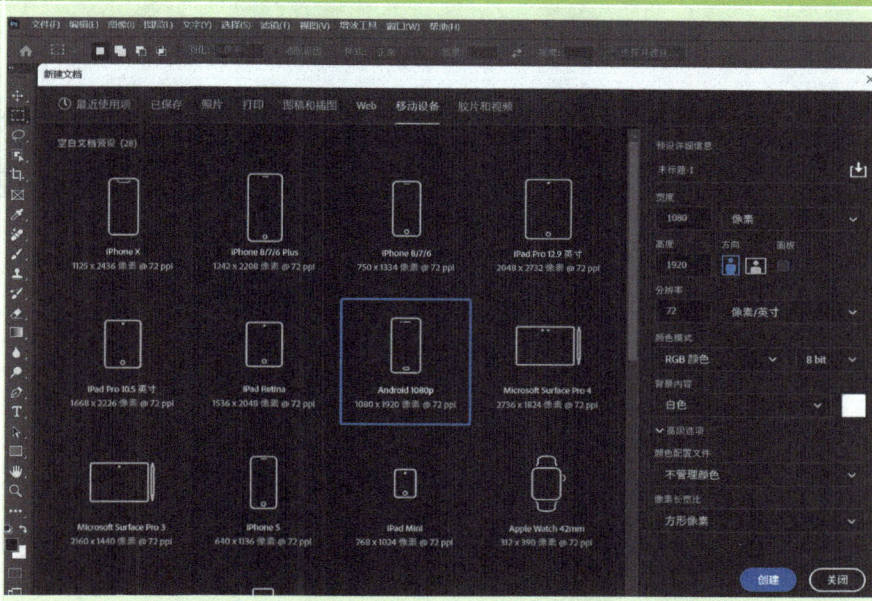
3. 使用"矩形工具"绘制一个"矩形"形状	
4. 按住<Ctrl>键对其进行斜切,从而将矩形转换为平行四边形,此时会弹出对话框,单击"是"按钮	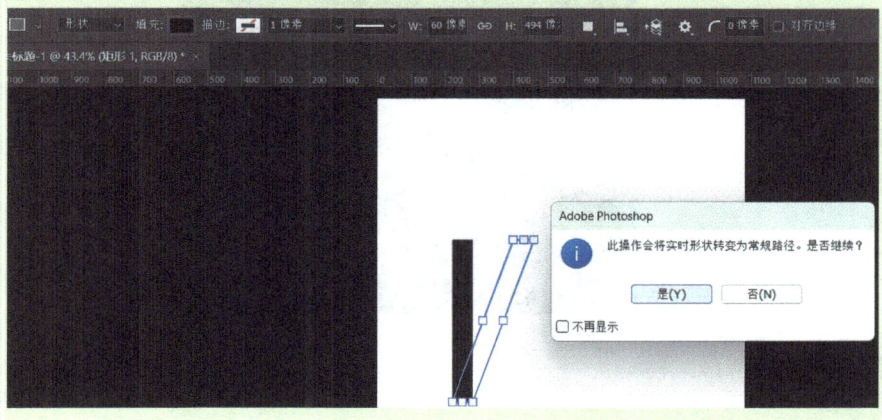

任务 1 绘制 Logo

步骤	图示
5. 形状变换后的效果如图所示	
6. 先选择"路径选择工具",按住<Alt>键对平行四边形进行复制;按快捷键<Ctrl+T>对复制的图形进行自由变换,再右击鼠标,选择"水平翻转"	

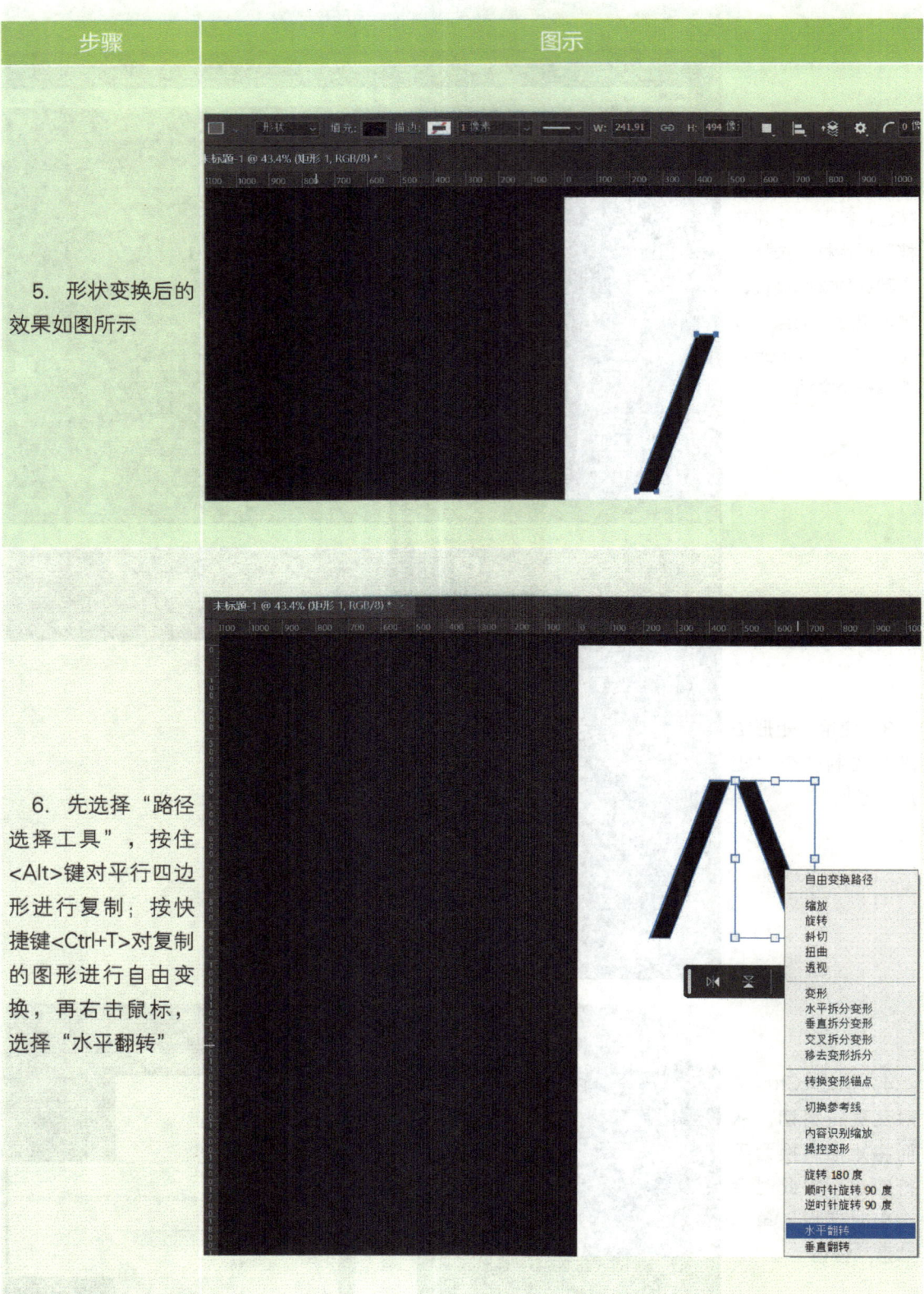

步骤	图示
7. 继续复制一个平行四边形，将其旋转至水平位置；使用"直接选择工具"选中水平旋转的平行四边形左侧的两个节点，再将其拖拽至如图所示的位置	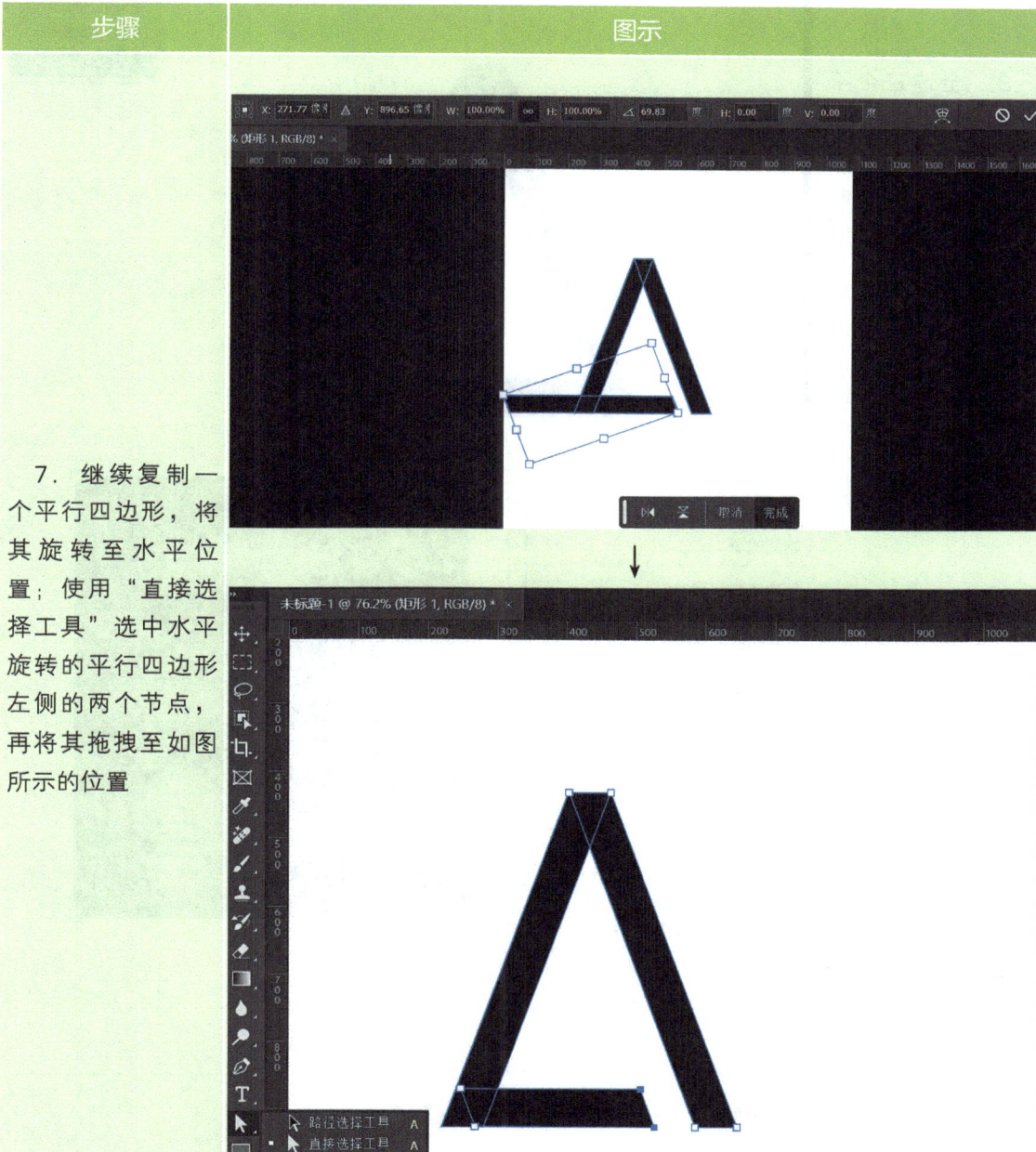

任务 1　绘制 Logo

步骤	图示
8. 全选三个平行四边形，在"选项"栏单击"合并形状组件"，将其合并为一个形状	
9. 使用"矩形工具"绘制一个"矩形"形状；选定两个图层，单击"图层"→"合并形状"命令，将两个图层合二为一	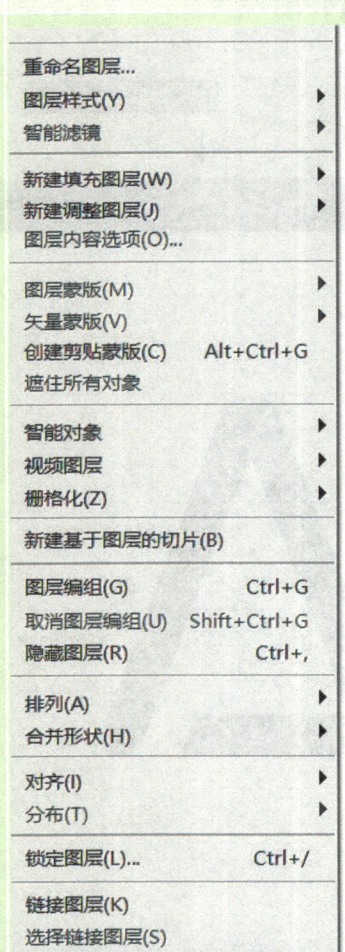

步骤	图示
10. 在"选项"栏选择"排除重叠形状",从而使重叠部分出现镂空;在"选项"栏的'填充'项,将填充颜色设定为"红色"	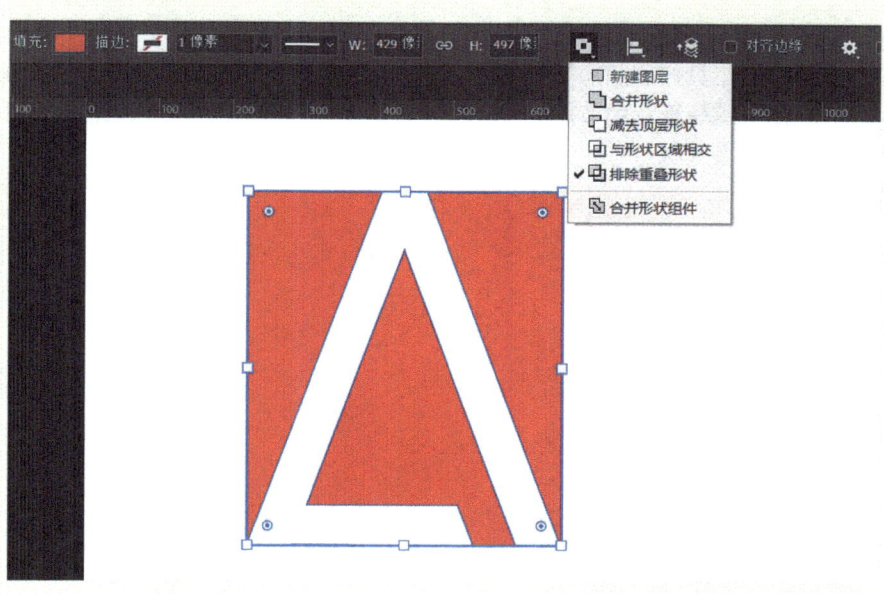
11. 单击"文件"→"导出"→"快速导出为PNG"命令,可将制作好的Logo导出为PNG格式的图片	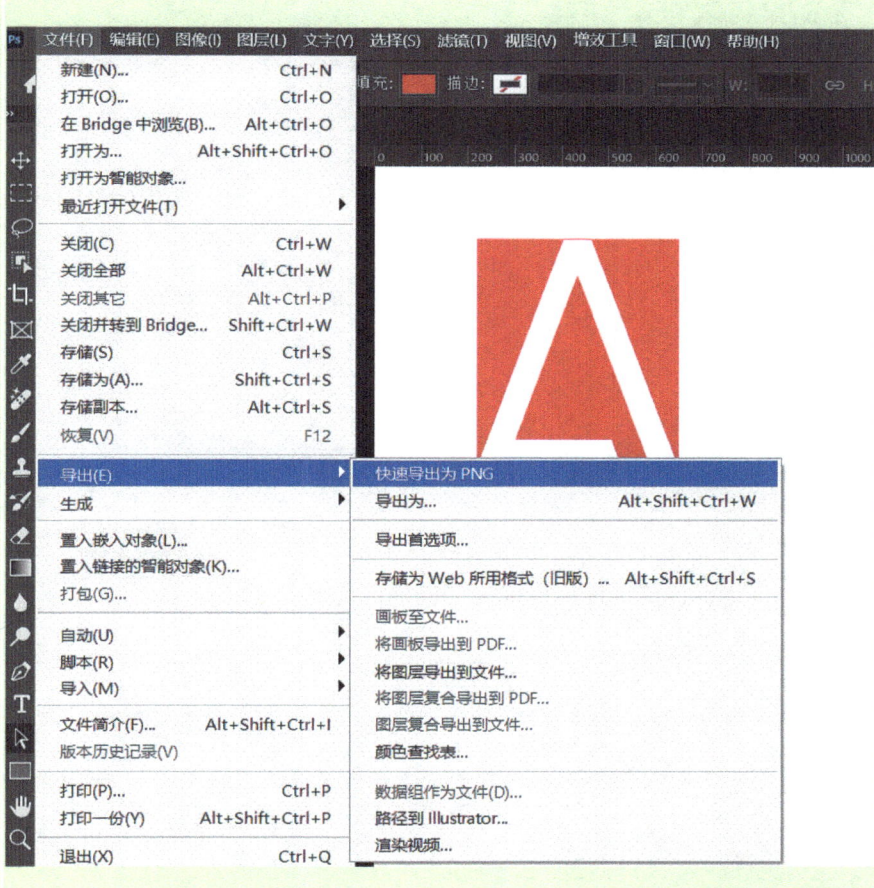

任务 1 绘制 Logo

1. 自我评价（在已掌握的项目前打√）
   - □ 安装Photoshop 2024软件
   - □ 用形状工具绘制图形
   - □ 选定并编辑形状的节点
   - □ 排除重叠形状
   - □ 在Photoshop中新建文档
   - □ 对图形进行自由变换
   - □ 合并形状组件、合并图层
   - □ 导出图片

2. 教师评价

   任务完成情况：□ 优　　□ 良　　□ 合格　　□ 不合格

任务2　溶图、扩图

	任务2　溶图、扩图	班级：	姓名：
	学习领域：平面设计	地点：	日期：

任务目标

1. 掌握"移除工具"的使用
2. 学会"自动混合图层"操作
3. 掌握"裁剪工具"的使用
4. 理解"内容识别填充"项
5. 掌握Photoshop 2024新工具、新技术，事半功倍

任务导入

登录视频网站，观看Photoshop 2024作品，感受软件版本升级所带来的工作便利、高效。

任务准备

预习Photoshop "窗口" → "排列" → "双联垂直" 命令；准备多个图片素材。

任务实施

步骤	图示
1. 在Photoshop中同时打开两个图片文件，准备进行"溶图"操作	

步骤	图示
2. 使用"移除工具"在图片的水印上涂抹,移除图片的水印	
3. 将飞机图片拖拽至风景图片之上,再使用快捷键<Ctrl+T>对飞机图片进行缩放并调整位置	

步骤	图示
4. 按住<Ctrl>键或<Shift>键同时选中两个图层，再单击"编辑"→"自动混合图层"命令，打开"自动混合图层"对话框	
5. 在"自动混合图层"对话框中选择"堆叠图像"，再单击"确定"按钮	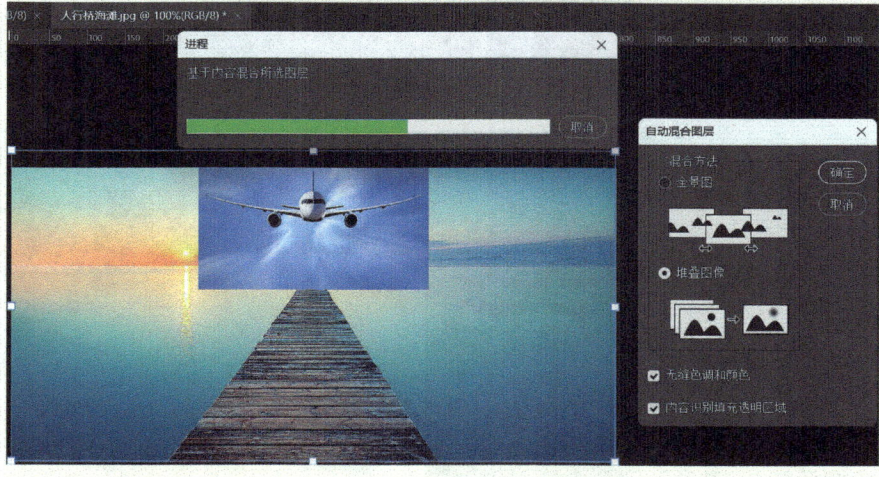

步骤	图示
6. "溶图"后的效果如图所示	
7. 在Photoshop中打开一幅待扩展的图片，使用"移除工具"框选水印部分，去除水印	
8. 选定"裁剪工具"，在"选项"栏设定： 比例：16:9 填充：内容识别填充 最后单击"选项"栏上的"提交"按钮	

步骤	图示
9. 将原图按16:9比例进行扩展，同时完成内容识别填充	

任务2 溶图、扩图

任务评价

1. 自我评价（在已掌握的项目前打√）

- ☐ 用"移除工具"去水印
- ☐ 找到"自动混合图层"命令
- ☐ "堆叠图像"操作
- ☐ 设定裁剪工具"填充"项
- ☐ 自由变换对象
- ☐ "自动混合图层"命令使用的条件
- ☐ 设定裁剪工具"比例"

2. 教师评价

任务完成情况：☐ 优　　☐ 良　　☐ 合格　　☐ 不合格

任务3　制作线条稿

	任务3　制作线条稿	班级：	姓名：
	学习领域：平面设计	地点：	日期：

任务目标

1. 学会复制图层的多种方法
2. 学会图层混合模式设定
3. 掌握"最小值"对话框的参数调整
4. 掌握"图层样式"对话框的参数设置
5. 掌握图层"不透明度"参数设置

任务导入

将位图图片转换为线条稿，用Photoshop技术呈现多维的艺术形态。

任务准备

预习Photoshop图层面板，准备相应的AI人物图片素材。

任务实施

步骤	图示
1. 打开一幅用AI生成的图片，再按快捷键<Ctrl+J>，将其复制一层	

步骤	图示
2. 按快捷键 <Ctrl+Shift+U>，对复制的图片进行"去色"处理，即将其制作成灰度图片	
3. 按快捷键 <Ctrl+J>复制一层，再按快捷键<Ctrl+I>对图片进行"反相"处理	

任务 3 制作线条稿

步骤	图示
4. 在图层面板，将其混合模式设置为"颜色减淡"；执行"滤镜"→"其他"→"最小值"命令，在打开的对话框中设置"半径"的值为2	
5. 单击"添加图层样式"按钮，在打开的对话框中设置"混合颜色带"项，按住<Alt>键再调整"下一图层"左侧的三角滑块	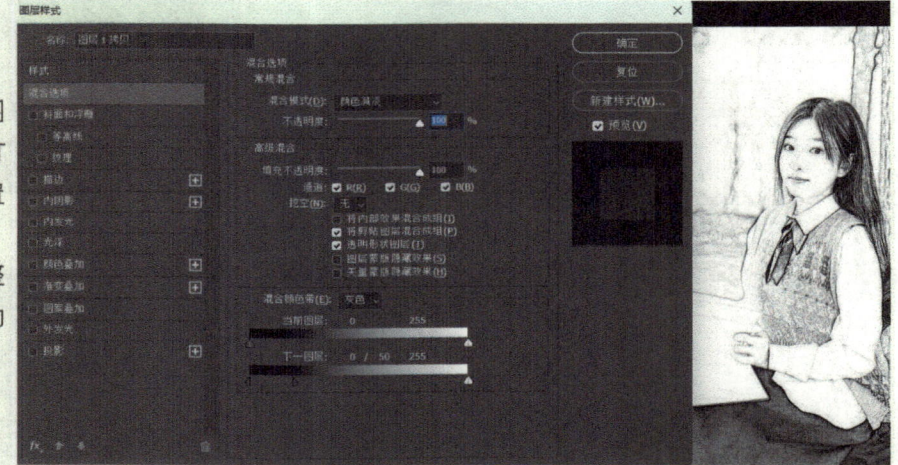
6. 新建一个"图层模板"，执行"滤镜"→"杂色"→"添加杂色"命令，在打开的对话框中选中"高斯分布"并设置"数量"的值为100	

步骤	图示
7. 执行"滤镜"→"模糊"→"动感模糊"命令,在打开的对话框中设置"角度"的值为65,"距离"的值为10	
8. 按快捷键<Ctrl+Shift+Alt+E>,执行"盖印"操作 注:"盖印"就是将之前所有的操作结果呈现在一个图层之上	

任务 3 制作线条稿

步骤	图示
9. 将图层混合模式设置为"正片叠底",再将不透明度设置为"34%",完成最终的效果制作	

任务评价

1. 自我评价(在已掌握的项目前打√)

- ☐ Photoshop图层面板构成
- ☐ 图层混合模式
- ☐ 图层蒙版
- ☐ "动感模糊"参数设定
- ☐ 图层复制
- ☐ "最小值"参数设定
- ☐ "添加杂色"参数设定
- ☐ "不透明度"参数设定

2. 教师评价

任务完成情况: ☐ 优　☐ 良　☐ 合格　☐ 不合格

任务4　手提袋贴图

任务4　手提袋贴图	班级：	姓名：
学习领域：平面设计	地点：	日期：

任务目标

1. 掌握"透视变形"操作
2. 了解与工具和命令相匹配的"选项"栏目
3. 学会透视平面的建立和透视角点的调整
4. 掌握图层混合模式设置
5. 学会调整图层样式

任务导入

观看用Photoshop创作的立体作品，提高自身审美能力。

任务准备

准备手提袋及贴图的图片素材。

任务实施

步骤	图示
1. 在Photoshop中同时打开两个图片文件，再单击"窗口"→"排列"→"双联垂直"命令，从而使两个图片文件在工作区并列显示	

步骤	图示
2. 使用"移动工具"进行拖拽操作,将两个图片分置于两个图层	
3. 选中上层图片,单击"编辑"→"透视变形"命令,准备对手提袋进行"贴图"处理	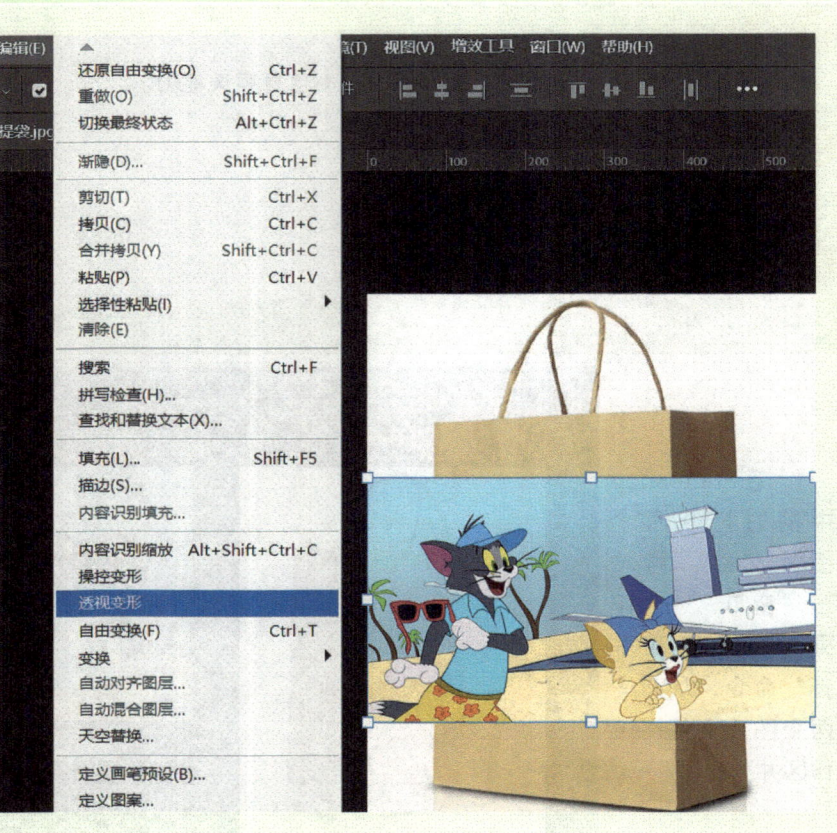

步骤	图示
4. 单击透视变形"选项"栏上的"变形"按钮,准备按照手提袋的形状调整上层图片的边角	
5. 调整透视变形的6个角点,如图所示	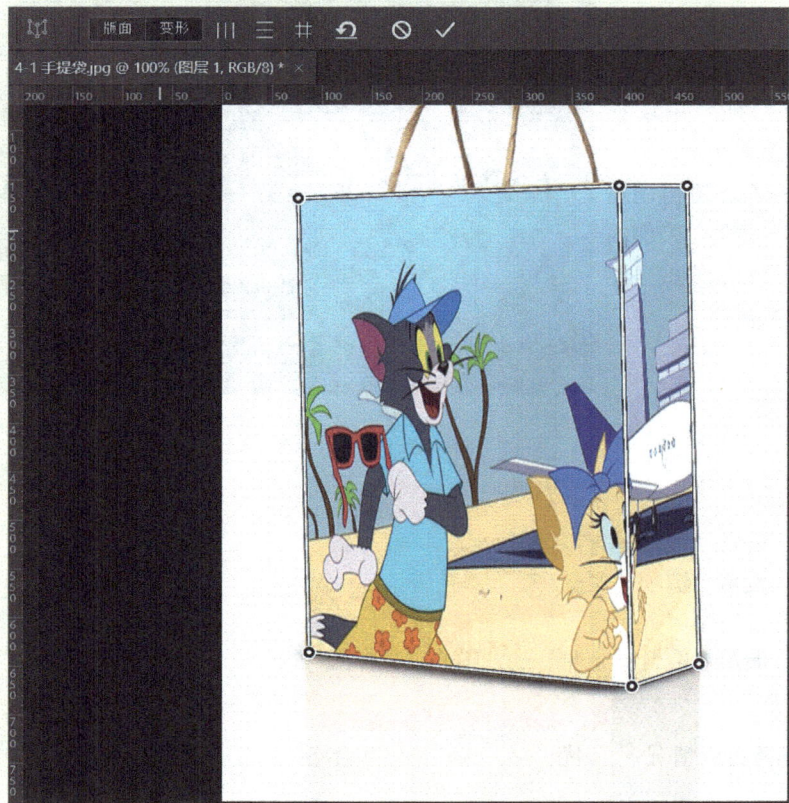

任务 4 手提袋贴图

步骤	图示
6. 更改图层的混合模式为"正片叠底"	
7. 单击"添加图层样式"按钮,在打开的对话框中设置"混合颜色带"项,按住<Alt>键再调整"下一图层"右侧的三角滑块,完成最终的效果制作	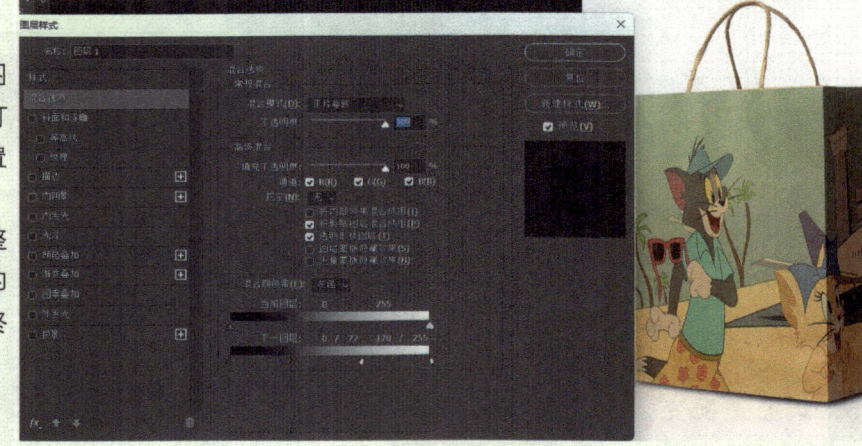

任务评价

1. 自我评价(在已掌握的项目前打√)

   - □ 设置"双联垂直"显示
   - □ 设置"选项"栏
   - □ 设置图层混合模式为"正片叠底"
   - □ 调整"混合颜色带"→"下一图层"
   - □ 设置"透视变形"
   - □ 编辑"透视变形"角点
   - □ 添加图层样式
   - □ 分离"图层样式"调整滑块

2. 教师评价

   任务完成情况: □优 □良 □合格 □不合格

任务5　花瓶贴图

任务5　花瓶贴图	班级：	姓名：
学习领域：平面设计	地点：	日期：

任务目标

1. 学会Photoshop的"主体"选择
2. 会创建"剪贴蒙版"
3. 会使用"自由变换"
4. 掌握"自由变换"→"变形"→"膨胀"的设置
5. 了解"自由变换"的其他二次选项

任务导入

登录视频网站，观看Photoshop相关作品，感受技术与艺术的创作之美。

任务准备

思考在Photoshop新版本取消"3D"菜单后，如何使作品呈现立体感；准备相应的实物及贴图素材图片。

任务实施

步骤	图示
1. 在Photoshop中同时打开两个图片文件，再单击"窗口"→"排列"→"双联垂直"命令，从而使两个图片文件在工作区并列显示	

步骤	图示
2. 选中花瓶所在的图层，再单击"选择"→"主体"命令，将花瓶选中 注：主体基本选中后，可使用其他选择工具对选区进行增加或减少操作	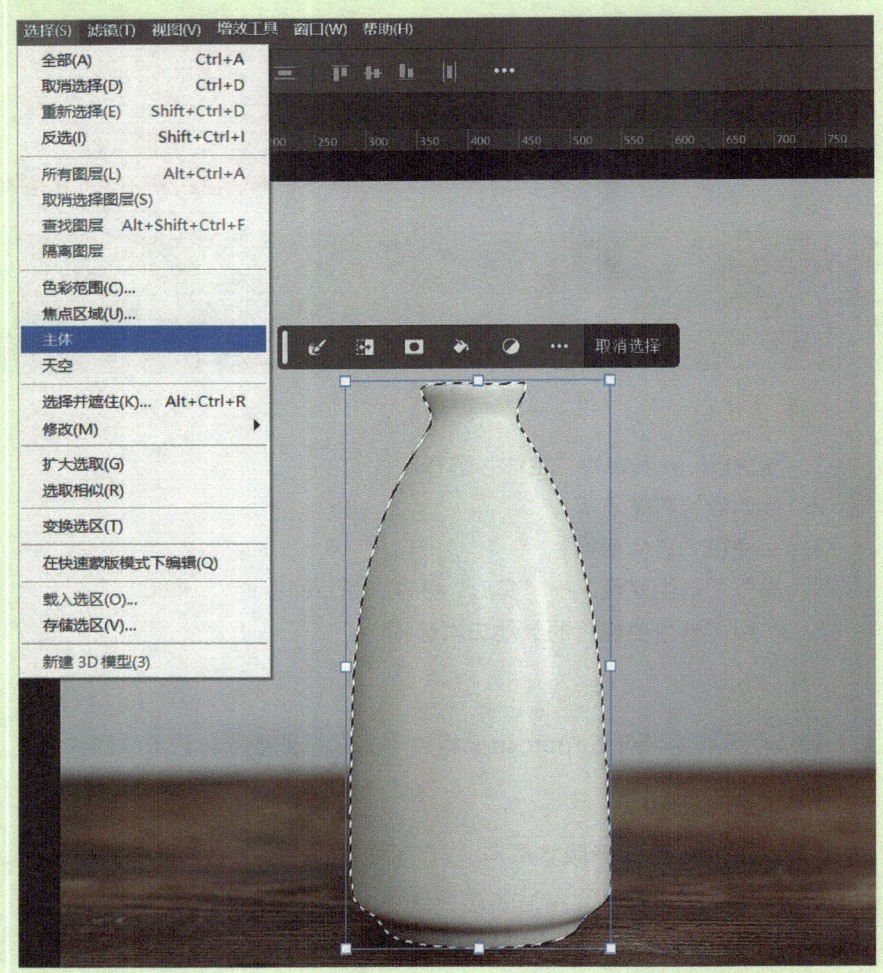
3. 按快捷键<Ctrl+J>，将选中的对象复制成一个新的图层	

步骤	图示
4. 使用"移动工具"对鲜花图片进行拖拽并置于花瓶图层之上	
5. 按住<Alt>键再单击两个图层的结合部,创建"剪贴蒙版"(又称为"剪切蒙版")	
6. 按快捷键<Ctrl+T>进行自由变换,右击鼠标,选中"变形"命令	

任务 5 花瓶贴图

步骤	图示
7. 继续选中"选项"栏中的"变形"→"膨胀",调整膨胀的形状及大小,再单击"确定变换"按钮	
8. 更改图层的混合模式为"正片叠底",完成最终的效果制作	

 评价

1. 自我评价（在已掌握的项目前打√）

- ☐ "主体"选择
- ☐ 剪贴蒙版的建立条件
- ☐ 设置"自由变换"→"变形"
- ☐ 设置图层混合模式为"正片叠底"

- ☐ 选区编辑
- ☐ 剪贴蒙版的创建方法
- ☐ 设置"变形"→"膨胀"
- ☐ 比较图层混合模式的不同设置

2. 教师评价

任务完成情况：☐ 优　　☐ 良　　☐ 合格　　☐ 不合格

任务6　成衣着色

任务6　成衣着色	班级：	姓名：
学习领域：平面设计	地点：	日期：

任务目标

1. 掌握"快速选择工具"的操作
2. 会使用"上下文任务栏"
3. 学会"平滑选区"操作
4. 创建纯色（蒙版）图层
5. 掌握图层混合模式和图层样式的组合使用，提高设计作品的质量

任务导入

调色是Photoshop作品的一个重要应用领域，后续还将学习更加专业的ACR（Adobe Camera Raw）操作。

任务准备

准备相应的成衣着色图片素材。

任务实施

步骤	图示
1. 在Photoshop中使用"快速选择工具"选中模特的上衣，并根据需要对选区进行增加或减少操作	

步骤	图示

2. 在浮动的"上下文任务栏"选中"平滑选区"操作,将"取样半径"项的值设置为1,再单击"确定"按钮

注:"上下文任务栏"位于"窗口"菜单之中,是Photoshop 2024的新功能,可智能化关联Photoshop当前操作

3. 创建一个纯色填充图层,在打开的"拾色器(纯色)"面板中选中"红色",再单击"确定"按钮

4. 将图层的混合模式设置为"正片叠底",完成颜色的初步替换

任务 6 成衣着色

步骤	图示
5. 单击"添加图层样式"按钮,打开功能面板,调整"不透明度"及"混合颜色带"→"下一图层"项,从而使成衣着色效果更加自然	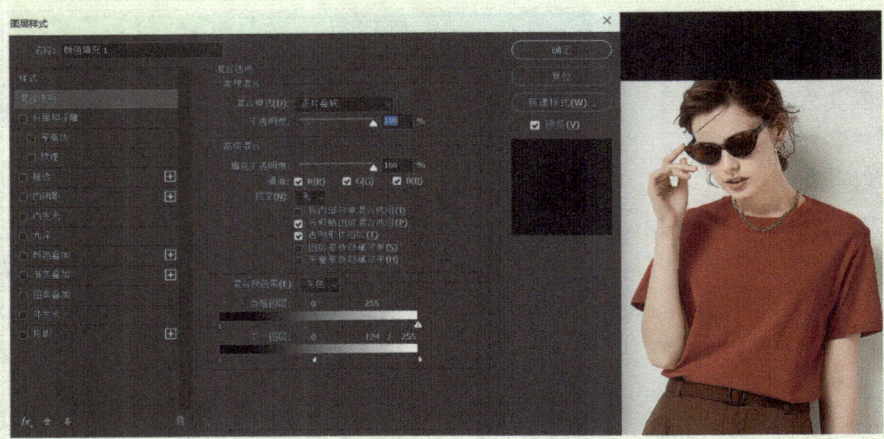
6. 双击填充颜色图层,在打开的"拾色器(纯色)"面板中选择不同的颜色,可获得更多的成衣着色效果	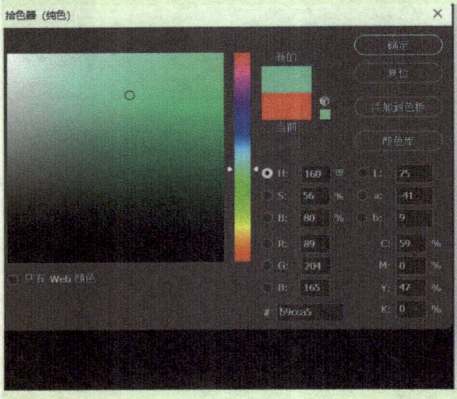 

任务评价

1. 自我评价（在已掌握的项目前打√）

- ☐ "快速选择工具"的使用
- ☐ "上下文任务栏"的显示和隐藏
- ☐ "上下文任务栏"的使用
- ☐ 创建纯色填充图层
- ☐ "平滑选区"操作
- ☐ "上下文任务栏"的作用
- ☐ 在"图层样式"面板中调整"不透明度"
- ☐ 在"拾色器（纯色）"中拾取颜色

2. 教师评价

任务完成情况：☐ 优　　☐ 良　　☐ 合格　　☐ 不合格

任务7　图形置换

	任务7　图形置换	班级：	姓名：
	学习领域：平面设计	地点：	日期：

任务目标

1. 学会将图片色彩模式转为"灰度"
2. 掌握"高斯模糊"操作
3. 了解"置换"的使用条件
4. 掌握"置换"操作
5. 学会在"图层样式"中更改图层的"混合模式"和不透明度等

任务导入

观看Photoshop中用到"置换"操作的作品，梳理其创作技巧。

任务准备

准备用于"置换"操作的两张图片素材。

任务实施

步骤	图示
1. 在Photoshop中同时打开两个图片文件，再单击"窗口"→"排列"→"双联垂直"命令，从而使两个图片文件在工作区并列显示	

步骤	图示
2. 使用"移动工具"将Logo图片拖拽至旗帜图片之上	
3. 隐藏Logo图片所在的图层;选中旗帜图片所在的图层,按快捷键<Ctrl+J>,将其复制一层;按快捷键<Ctrl+Shift+U>,对其进行"去色"处理	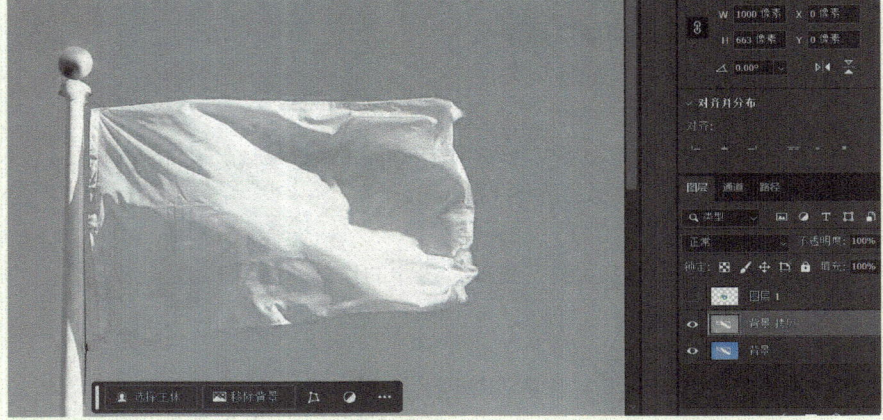
4. 单击"滤镜"→"模糊"→"高斯模糊"命令,在打开的对话框中设置"半径"的值为2	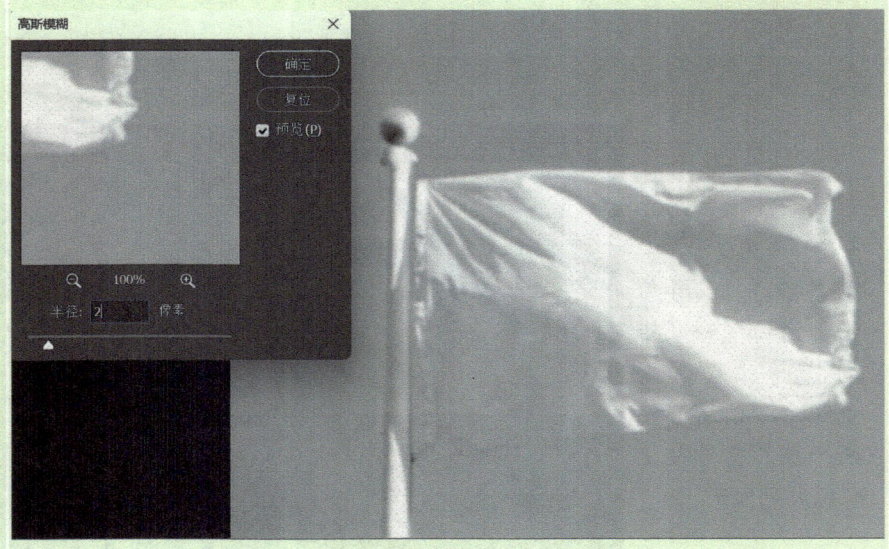

步骤	图示
5. 单击"文件"→"存储为"命令,将其存储为一个PSD格式的文件	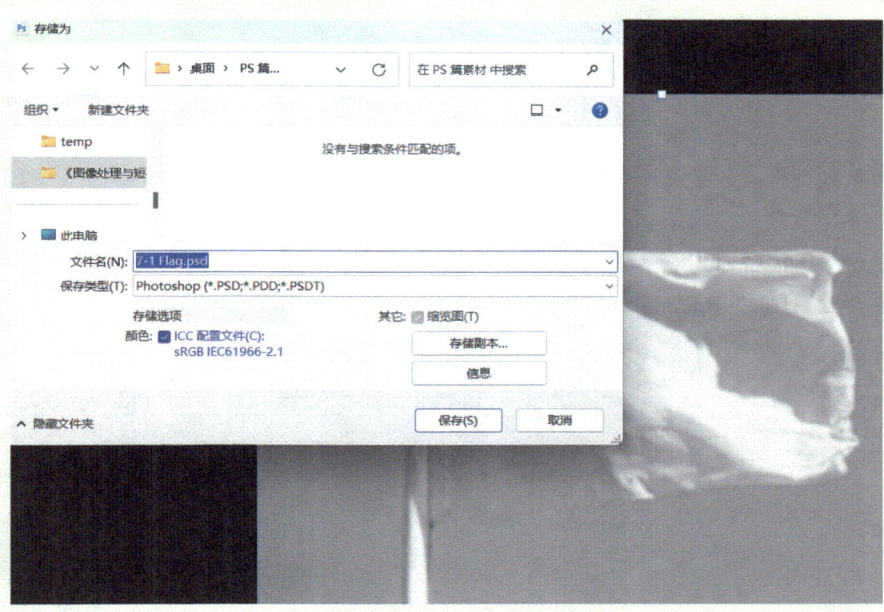
6. 单击"文件"→"扭曲"→"置换"命令	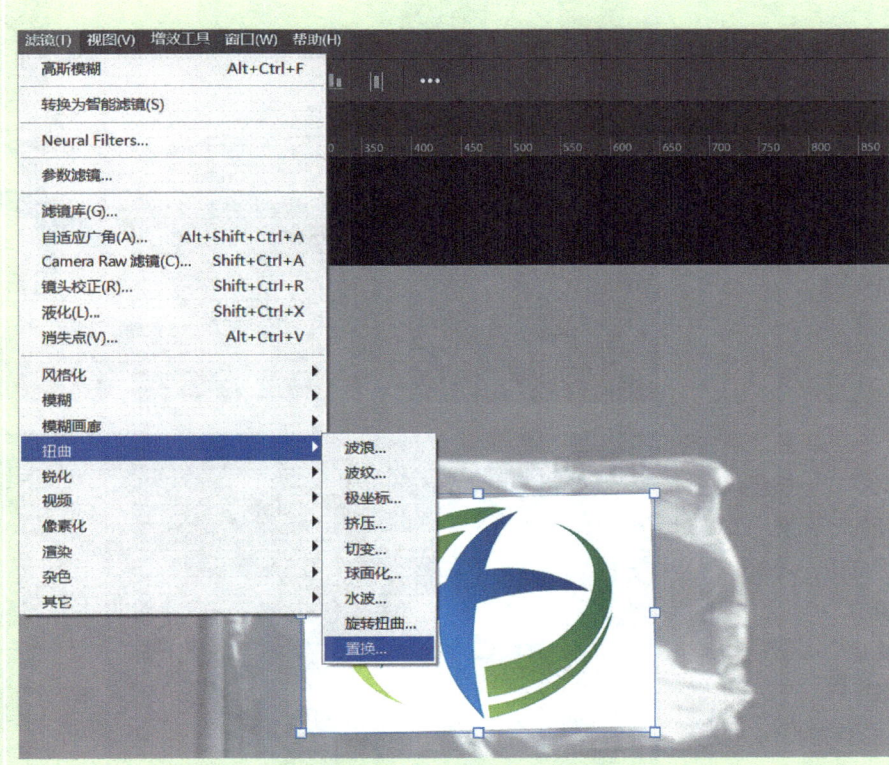

任务 7 图形置换

033

步骤	图示
7. 在打开的"置换"对话框中,设置"水平比例""垂直比例"的值各为30,再单击"确定"按钮	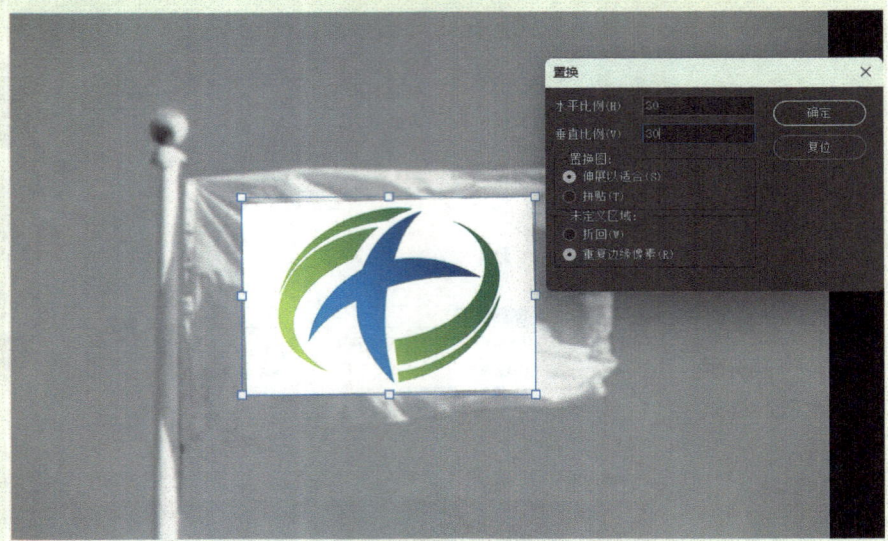
8. 在打开的"选取一个置换图"对话框中,选定上方存储的PSD格式的文件,再单击"打开"按钮	
9. 单击"添加图层样式"按钮,在打开的"图层样式"对话框中,设置"混合模式"项为"正片叠底""混合颜色带"→"下一图层"项的右侧滑块向左移动,完成最终的效果制作	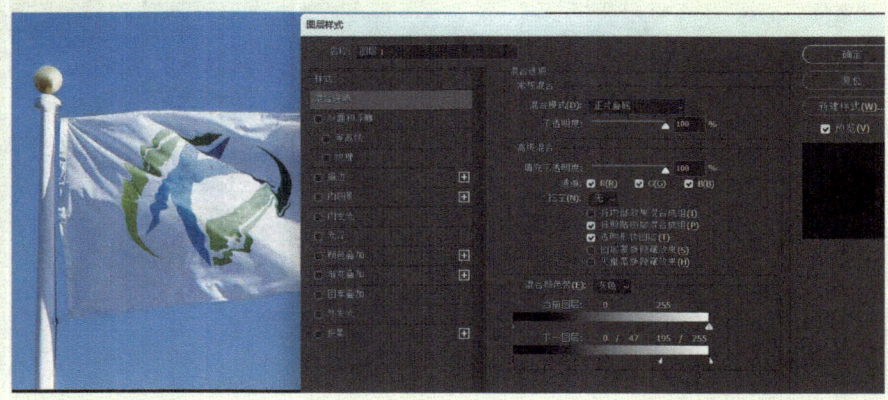

评价

1. 自我评价（在已掌握的项目前打 ✓）

- ☐ 搜集"置换"要用到的图片素材
- ☐ "高斯模糊"操作
- ☐ "置换"参数调整
- ☐ 在"图层样式"中调整不透明度
- ☐ 将RGB图片转为灰度图片的多种操作
- ☐ "置换"图片制作
- ☐ 在"图层样式"中调整混合模式
- ☐ 扩展"置换"的其他应用场合

2. 教师评价

任务完成情况：☐ 优　　☐ 良　　☐ 合格　　☐ 不合格

任务8　ACR-点颜色、镜头模糊

任务8　ACR-点颜色、镜头模糊	班级：	姓名：
学习领域：平面设计	地点：	日期：

任务目标

1. 了解ACR（Adobe Camera Raw）的安装及配置
2. 学会ACR-点颜色操作
3. 学会ACR-效果操作
4. 学会ACR-镜头模糊操作
5. 进一步拓展ACR在修复、蒙版、红眼等方面的应用

任务导入

ACR是摄影师们都在用的修图神器，与Photoshop自带的修图工具相比，功能更强大、操作更简便。

任务准备

安装及配置Camera Raw，准备待编辑的图片素材。

任务实施

步骤	图示
1. 在Photoshop中打开一幅图片文件，单击"滤镜"→"Camera Raw滤镜"命令，准备对图片进行调色处理	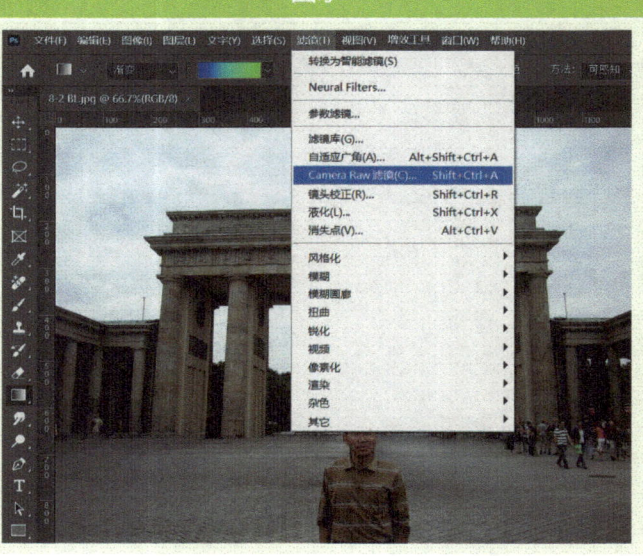

步骤	图示
2. 在打开的ACR面板中,单击"原图/效果图左右"按钮,拟将图片调整前后的效果对比显示	
3. 在ACR面板中展开"混色器"→"点颜色"标签,用吸管吸取天空的蓝色,调整下方的色相、饱和度、明亮度、范围等滑块,进行颜色调整;采用类似的方法,用吸管吸取其他待调的颜色,移动下方的滑块组,进行颜色调整	
4. 在ACR面板中展开"效果"标签,调整纹理、清晰度、去除薄雾等滑块,完成图片的颜色调整,调整前后的对比如图所示	

步骤	图示
5. 在Photoshop中打开另一幅图片文件，单击"滤镜"→"Camera Raw滤镜"命令，展开"镜头模糊"标签	
6. 勾选"应用"项，开始应用背景的"镜头模糊"效果，默认的"散景"是"圆圈"	
7. 将"散景"设置为"环状"，并对"放大"项的值进行适当调整，得到"甜甜圈"状的背景镜头模糊效果	

步骤	图示
8. 切换到"单一视图"显示状态,再单击"确定"按钮,完成图片的"镜头模糊"背景效果制作	

任务评价

1. 自我评价(在已掌握的项目前打√)

☐ ACR的主要功能　　　　　　　　　☐ ACR视图模式切换
☐ ACR"混色器"面板　　　　　　　☐ ACR"点颜色"项构成
☐ ACR"效果"面板　　　　　　　　☐ ACR"效果"项构成
☐ ACR"镜头模糊"面板　　　　　　☐ ACR"镜头模糊"项构成

2. 教师评价

任务完成情况:　☐ 优　　☐ 良　　☐ 合格　　☐ 不合格

任务9　精确抠像

	任务9　精确抠像	班级：	姓名：
	学习领域：平面设计	地点：	日期：

任务目标

1. Photoshop "主体"选择及选区编辑
2. 设置 "选择并遮住"属性面板
3. 学会 "调整边缘画笔工具"的使用
4. 掌握 "净化颜色"项设置
5. 掌握Photoshop渐变工具使用

任务导入

登录视频网站，观看Photoshop精确抠像的案例，以精益求精的工匠精神打造平面设计精品。

任务准备

尝试 "画笔"笔触大小调整；准备需精确抠像的图片素材。

任务实施

步骤	图示
1. 在Photoshop中打开一幅用AI生成的模特图片；单击 "图像"→"自动色调"命令	

步骤	图示
2．单击"选择"→"主体"命令，将画面中的人像初步选中	
3．单击"选择"→"选择并遮住"命令，打开"属性"面板，设置视图模式为"叠加"	

任务 9　精确抠像

步骤	图示
4. 使用"调整边缘画笔工具",对头发的边缘处进行"涂抹"以抠取边缘细节	
5. 展开"属性"面板上的"输出设置"标签,选中"净化颜色"项,再调整"数量"的数值	
6. 单击"确定"按钮,完成精确抠像操作	

步骤	图示
7. 在抠取图像的图层下方新建一个图层，使用"渐变工具"进行线性渐变填充，双击渐变的起止点，可设定渐变起点和终点的颜色	

任务评价

1. 自我评价（在已掌握的项目前打√）

- ☐ Photoshop "主体"选择
- ☐ "叠加"模式设置
- ☐ 调整画笔笔触大小
- ☐ "线性渐变工具"的使用
- ☐ "选择并遮住"操作
- ☐ "调整边缘画笔工具"操作
- ☐ "净化颜色"操作
- ☐ 设置渐变的起点和终点颜色

2. 教师评价

任务完成情况：☐ 优　　☐ 良　　☐ 合格　　☐ 不合格

任务10　创建四类蒙版

	任务10　创建四类蒙版	班级：	姓名：
	学习领域：平面设计	地点：	日期：

任务目标

1. 学会Photoshop四类蒙版的创建方法
2. 掌握图层模板"黑透白不透"的基本原理
3. 学会两种"天空替换"方法
4. 利用"快速蒙版"对选区进行编辑
5. 利用"矢量蒙版"建立特殊的形状选区

任务导入

登录视频网站，观看Photoshop蒙版使用教程，理解蒙版的工作原理。

任务准备

画笔工具的调整及使用，准备蒙版操作的图片素材。

任务实施

步骤	图示
1. 在Photoshop中打开一张图片，单击"选择"→"天空"命令，对画面中的天空进行粗选	

步骤	图示
2．单击"选择"→"选取相似"命令，对已选定的天空内容进行精选	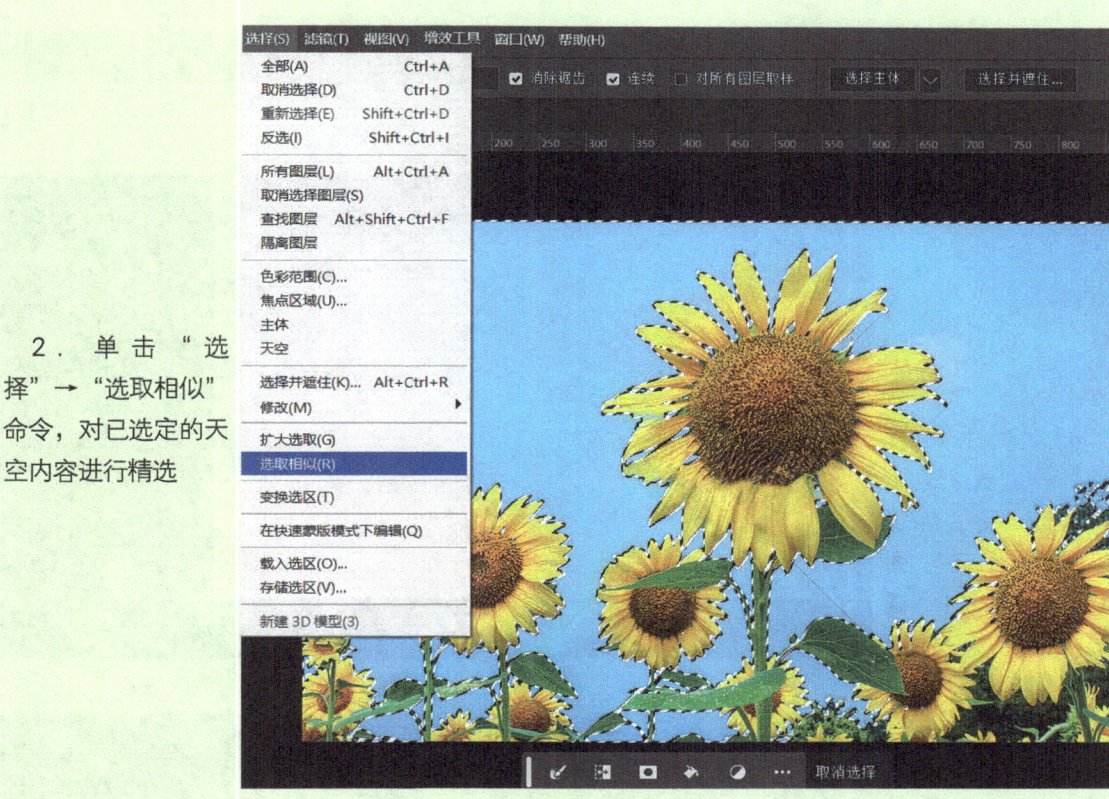
3．按快捷键<Ctrl+J>，复制选取的范围并新建一个图层	

任务 10　创建四类蒙版

步骤	图示
4. 单击"文件"→"置入嵌入对象"命令，添加一张"天空"图片；按住<Alt>键再单击图层，创建"剪贴蒙版"，完成天空替换 注：通过"编辑"→"天空替换"命令，也能快速实现图片的天空背景替换	

步骤	图示
5. 使用"快速选择工具"先粗选其中的一个儿童；按<Q>键切换至"快速蒙版"，使用"画笔工具"对选区进行编辑：白色增加选区、黑色减少选区	 
6. 再次按<Q>键退出"快速蒙版"编辑模式并返回正常编辑模式，完成对儿童的精选	

步骤	图示
7. 按住<Ctrl>键再单击图层下方的"图层蒙版"按钮,创建一个矢量蒙版	
8. 使用形状工具中的椭圆、矩形工具并设定为"路径"属性,在矢量蒙版上绘制一些自定义的形状,完成特定的形状样式显示	

任务评价

1. 自我评价(在已掌握的项目前打√)

☐ 选取"天空"并编辑　　　　　　　　☐ 快捷键<Ctrl+J>和<Ctrl+Shift+J>的使用
☐ 创建剪贴蒙版　　　　　　　　　　　☐ 创建快速蒙版
☐ 使用"画笔工具"在快速蒙版编辑选区　☐ 创建矢量蒙版
☐ 设置绘图工具的"路径"属性　　　　　☐ 绘制矢量图形并调整矩形的圆角

2. 教师评价

任务完成情况: ☐ 优　　☐ 良　　☐ 合格　　☐ 不合格

剪映篇

- 任务1 模板应用 // 050
- 任务2 剪辑视频 // 053
- 任务3 添加转场 // 057
- 任务4 添加特效 // 061
- 任务5 编辑音频 // 065
- 任务6 添加字幕 // 067
- 任务7 关键帧应用 // 070
- 任务8 插入画中画 // 073
- 任务9 抠像 // 076
- 任务10 蒙版应用 // 079
- 任务11 添加AI效果 // 085

任务1　模板应用

	任务1　模板应用	班级：	姓名：
	学习领域：影视制作	地点：	日期：

任务目标

1. 掌握剪映的基本操作界面与模板功能
2. 学会如何下载、导入和应用剪映模板
3. 了解模板中的元素，如文字、图片、视频片段等
4. 能独立制作一个基于模板的短视频
5. 培养创意思维和审美能力

任务导入

观看使用剪映模板制作的优秀短视频案例，了解并讨论视频中的亮点和创意点；思考视频制作的可能途径，介绍剪映模板的概念，明白模板在视频制作中的重要作用。

任务准备

安装并运行剪映软件，准备模板使用的视频素材，提供个性化素材，丰富视频内容。

任务实施

步骤	图示
1. 打开剪映，导入素材，单击菜单栏右上角的"模板"菜单	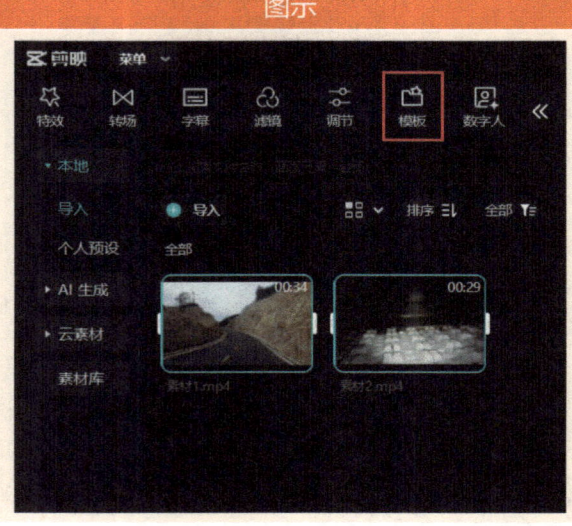

步骤	图示
2. 可以通过搜索、分类或选择风格，来确定想要的模板	
3. 选择合适的"模板"并拖入到剪辑轨道	
4. 单击轨道模板上的"替换素材"命令，在"媒体"中选择已经导入的媒体素材	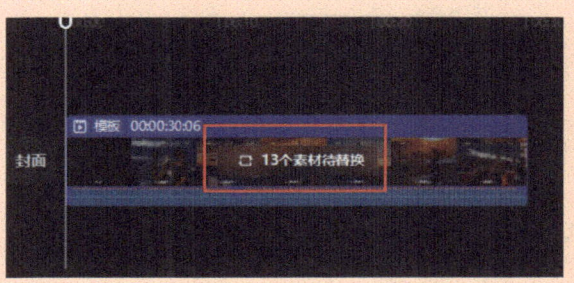

任务 1　模板应用

步骤	图示
5. 把素材拖入模板的替换处，完成模板内容替换	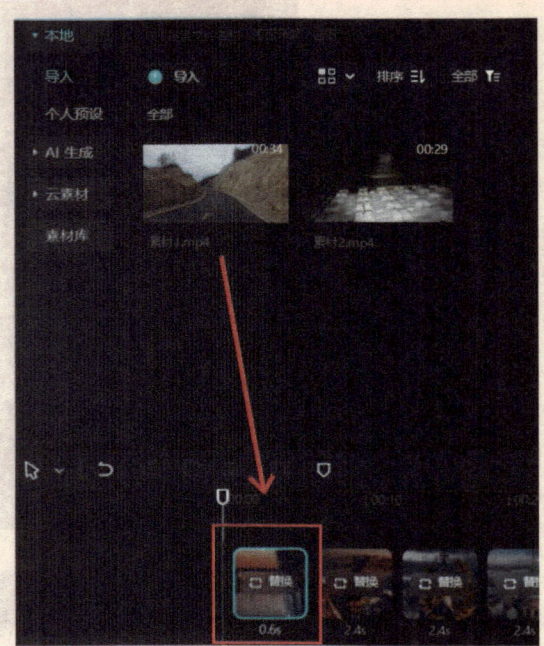

任务评价

1. 自我评价（在已掌握的项目前打 √）

☐ 实现素材分类与管理　　　　　　☐ 添加剪映模板
☐ 实现素材替换　　　　　　　　　☐ 修改音频
☐ 制作基于模板的短视频

2. 教师评价

任务完成情况：☐ 优　　☐ 良　　☐ 合格　　☐ 不合格

任务2　剪辑视频

	任务2　剪辑视频	班级：	姓名：
	学习领域：影视制作	地点：	日期：

任务目标

1. 理解影视剪辑的基本概念
2. 掌握影视剪辑的基本流程
3. 学习并实践多种剪辑技巧
4. 剪辑工具的使用（剪切、拼接、分割、删除）
5. 能运用进阶剪辑技巧，对关键帧进行初步认识和运用，并制作动态效果的片头

任务导入

观看创意短视频，掌握剪辑的基本流程以及"蒙太奇"表现手法；对剪映"时间线"面板的剪辑工具进行操作演示，包括素材的拼接、剪切、删除、变速、卡点等。

任务准备

准备视频素材，确定片头的文案，以"四分屏"片头的制作为例掌握剪辑进阶技巧。

任务实施

步骤	图示
1. 打开剪映，导入素材，添加系统音频	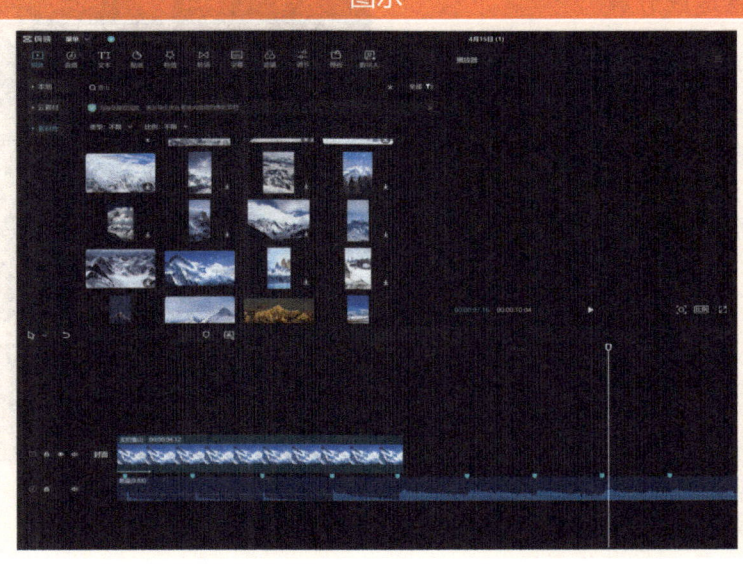

步骤	图示
2. 选择"文本"菜单，新建一个默认文本，在文本编辑框中输入"l"，设置大小和加粗，形成五根白色竖线，拖动放大其与视频边缘对齐	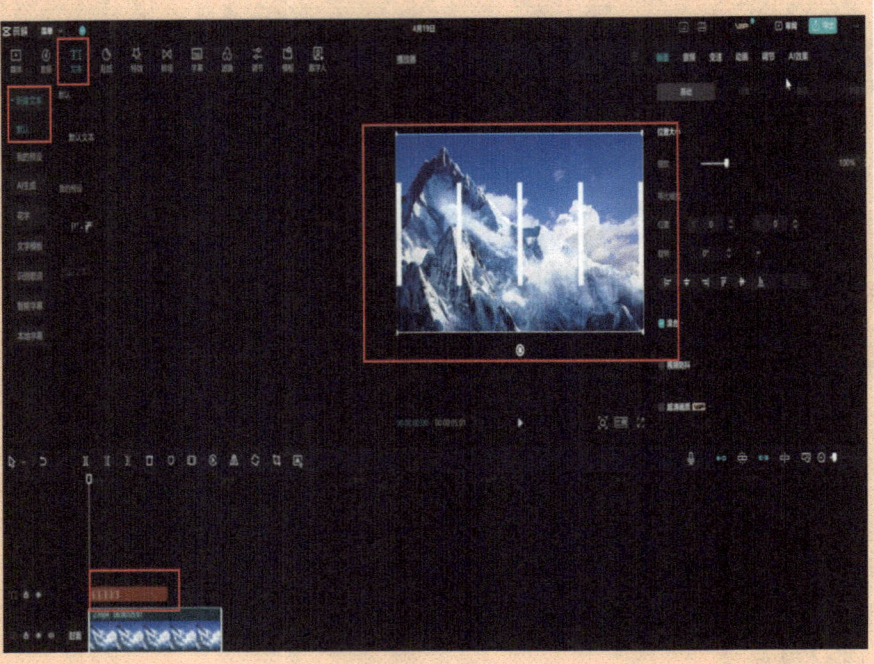
3. 对素材进行裁剪，以适应分屏；选择"蒙版"菜单，在编辑区域选择"镜面"，将拖入的视频选中并添加一个镜面蒙版，对素材进行裁剪	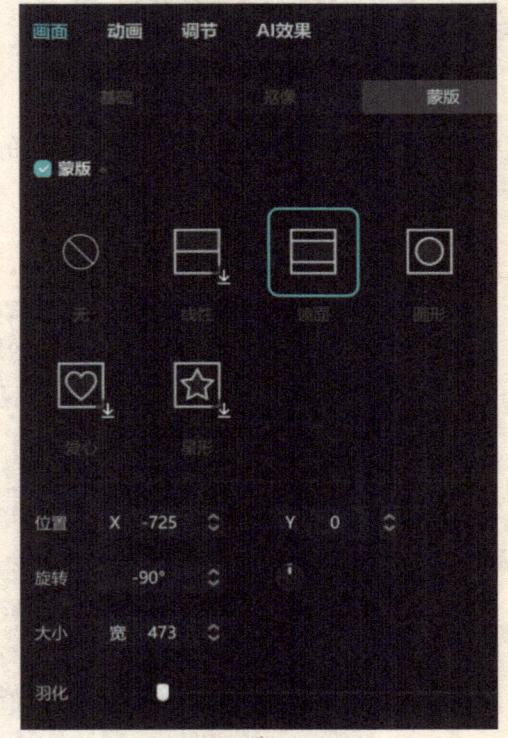

剪映篇

步骤	图示
4. 在"画面"属性的"基础"选项卡中，调整视频素材的大小，对照已输入的"1"将视频调整到合适位置	
5. 将上述视频加入入场动画转场，"四分屏"分别为：向上滑动、向下滑动、向左滑动和向右滑动	
6. 将选好的音频拖入轨道，按节拍踩点	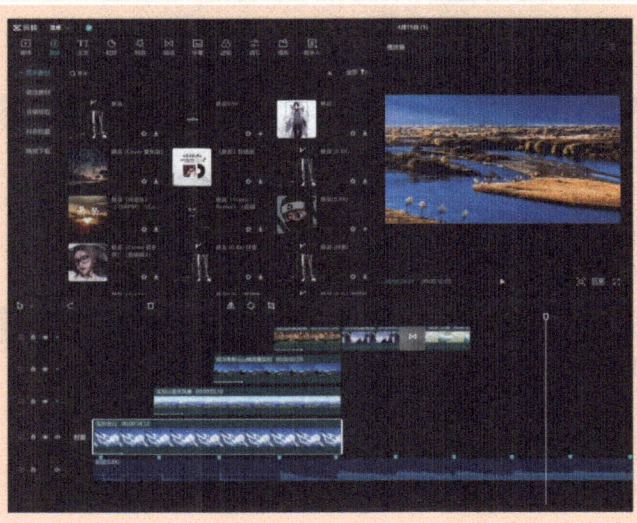

任务 2　剪辑视频

步骤	图示
7. 使用时间线的"分割"工具,将视频多余部分删除,并与此对齐	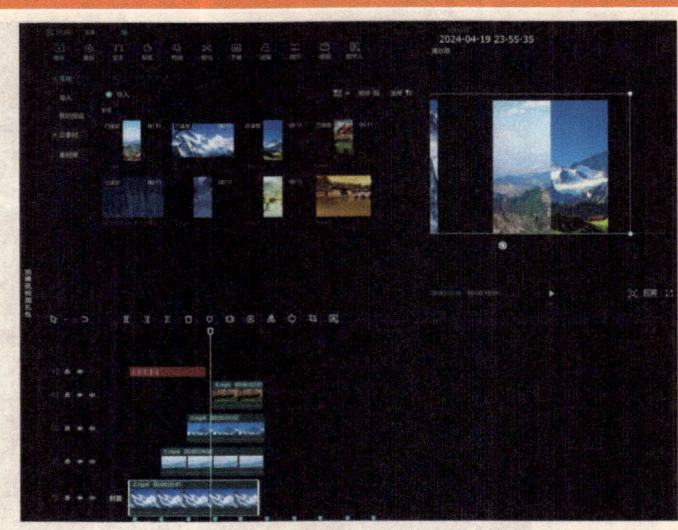
8. 选择"文字"中的模板,在文字"旅行"中选择一个合适的样式,在"字幕"编辑栏中修改文案,再调整到合适的位置,即完成片头制作	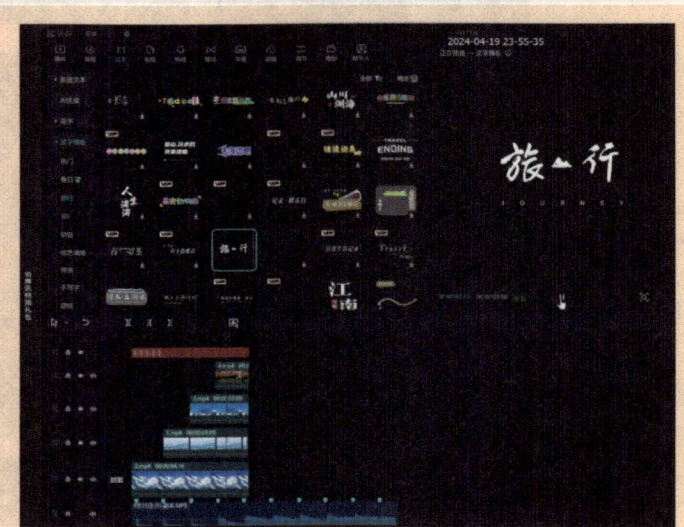

任务评价

1. 自我评价(在已掌握的项目前打√)	
☐ 对素材进行剪辑	☐ 设置"镜面蒙版"
☐ 编写短视频文案	☐ 设置入画转场→滑动
☐ 绘制图形	☐ 添加音频
☐ 添加字幕	☐ 调整字幕样式

2. 教师评价

任务完成情况:☐优 ☐良 ☐合格 ☐不合格

任务3 添加转场

	任务3 添加转场	班级：	姓名：
	学习领域：影视制作	地点：	日期：

任务目标

1. 理解转场在短视频中的作用
2. 识别并应用不同类型的转场效果
3. 能在视频剪辑软件中添加和调整转场效果
4. 通过实践操作，提高视频剪辑的技巧和审美，培养对视频剪辑艺术的欣赏能力和创新思维

任务导入

观看包含多种转场效果的短视频，激发学习兴趣，讨论转场的作用和类型。

思考为什么视频剪辑中需要使用转场，转场有哪些类型，尝试在视频剪辑软件中添加转场效果。

任务准备

提供影视行业有关转场的经典案例和素材；温习常用的视频剪辑技术。

任务实施

步骤	图示
引言： 剪映中的转场，可以使得场景间的过渡更加自然。单击"转场"菜单，可以添加多种转场，并在"转场"属性栏中设置转场的时长。下面结合系统自带的方法和手工设置的方法为视频添加转场	

步骤	图示
1. 打开剪映，将素材1拖入到时间线轨道	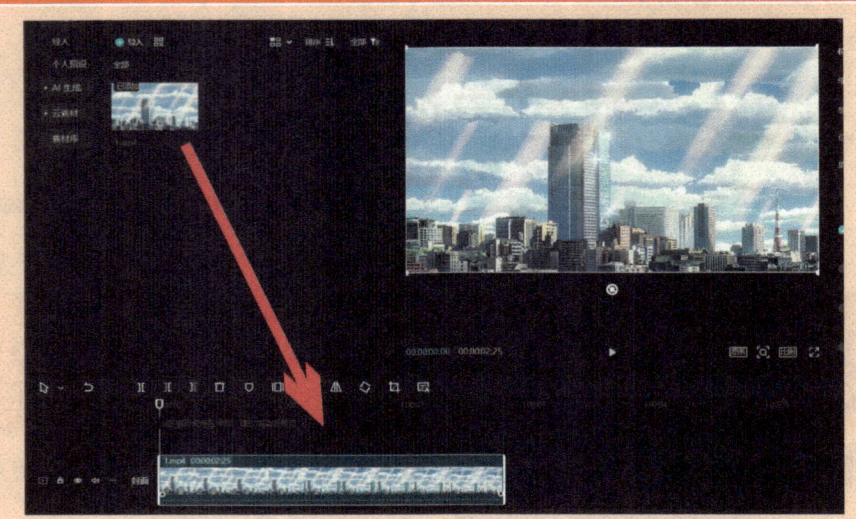
2. 将素材2拖到素材1合适的末尾距离，将时间线拖至素材2起始位置，加透明度关键帧，把"不透明度"设置为0	
3. 将时间线拖至素材1的末尾位置，将不透明度改为100%，自动生成关键帧	

步骤	图示
4. 将素材3紧贴素材2，在两个素材的衔接处，添加转场"叠化"	
5. 将素材4紧贴素材3，素材5放置素材4上方与之齐平	
6. 将时间线放置在素材5片头，添加"线性蒙版"，羽化调至100，将蒙版拖动到左上角并添加关键帧	

任务 3 添加转场

步骤	图示
7. 将时间线拖至素材4末尾，添加"蒙版"命令中的"线性蒙版"，并移到右下角自动生成关键帧	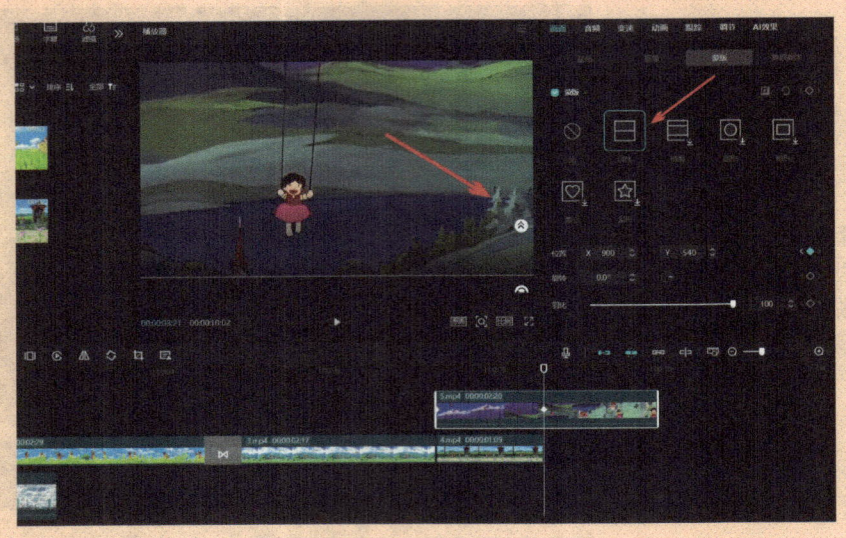
8. 将素材6放置在素材5后面添加转场"模糊"，再添加音频，最后导出	

任务评价

1. 自我评价（在已掌握的项目前打√）

- ☐ "转场"菜单操作
- ☐ 实现透明度变化效果
- ☐ 添加视频转场——模糊
- ☐ 添加视频转场——叠化
- ☐ 设置线性蒙版
- ☐ 调整视频转场时长属性

2. 教师评价

任务完成情况： ☐ 优　☐ 良　☐ 合格　☐ 不合格

任务4　添加特效

	任务4　添加特效	班级：	姓名：
	学习领域：影视制作	地点：	日期：

任务目标

1. 理解短视频特效的基本概念，解释特效在剪映视频制作中的作用和重要性
2. 能够识别并描述不同类型的剪映视频特效，理解特效背后的基本技术原理和实现方式
3. 能够通过观察、模仿和实践，逐步掌握特效技术，并将特效技术与创意结合，创作出具有个人风格和故事性的视频作品，例如3D裸眼视频
4. 能够在特效制作中尝试新的方法和技术，追求作品的高质量和细节完美，从而提升对视频特效艺术的欣赏能力和审美意识，增强对技术细节的关注，塑造精益求精的工作精神

任务导入

观看专业视频示例，讨论特效对视频观感的影响；思考并讨论特效的分类、原理和应用场景；尝试在视频剪辑软件中创建和调整特效效果。

任务准备

提供教学素材和案例视频，具备基本的视频剪辑和特效应用知识；介绍特效的分类、原理和应用场景；演示特效效果在视频剪辑软件中的创建和调整方法。

任务实施

步骤	图示
引言： 剪映特效有很多种，会让视频绚丽多彩。选择剪映"特效"菜单，就可以看见有"画面特效"和"人物特效"。直接把特效作用在素材中即可实现特效加持。下面，制作一个"裸眼3D"特效	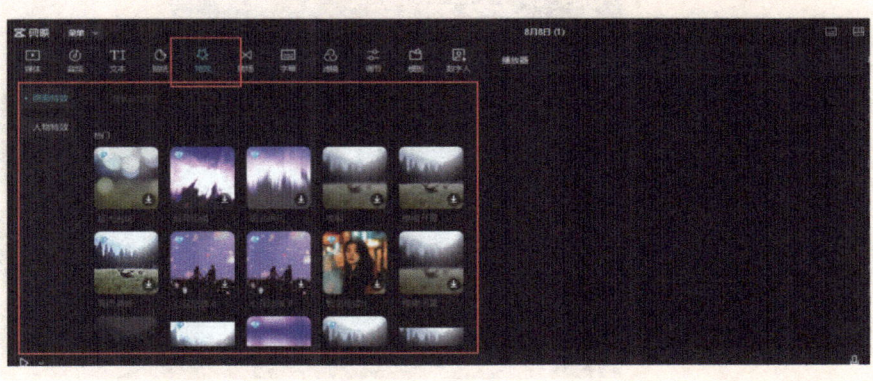

步骤	图示
1. 打开剪映,导入素材;将素材按顺序拖入时间线轨道	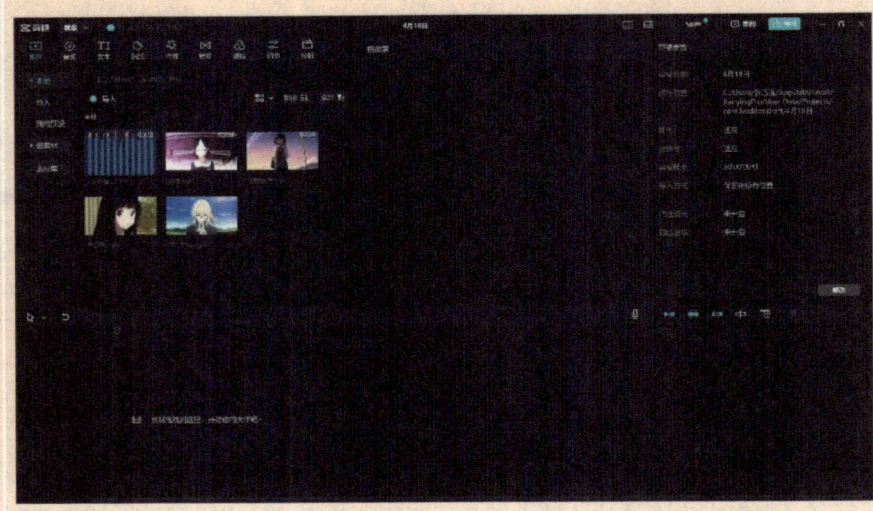
2. 将素材复制一份在轨道上方,将复制的素材轨道暂时隐藏	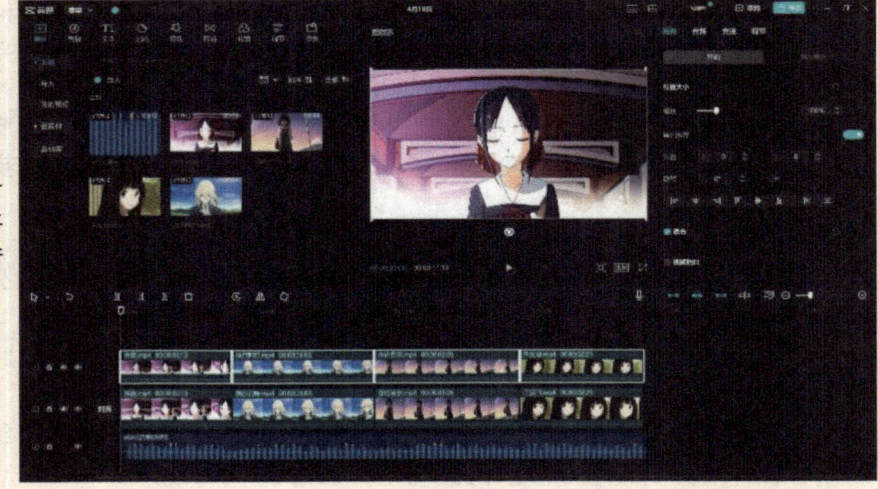
3. 把时间移动到第一段视频的最后,选择蒙版中的"镜面",添加一个关键帧	

步骤	图示
4. 把时间线移到视频开始处，添加一个"蒙版"关键帧，再把蒙版拉到画面外，添加另一个关键帧；将四个素材都设置为同样的效果	 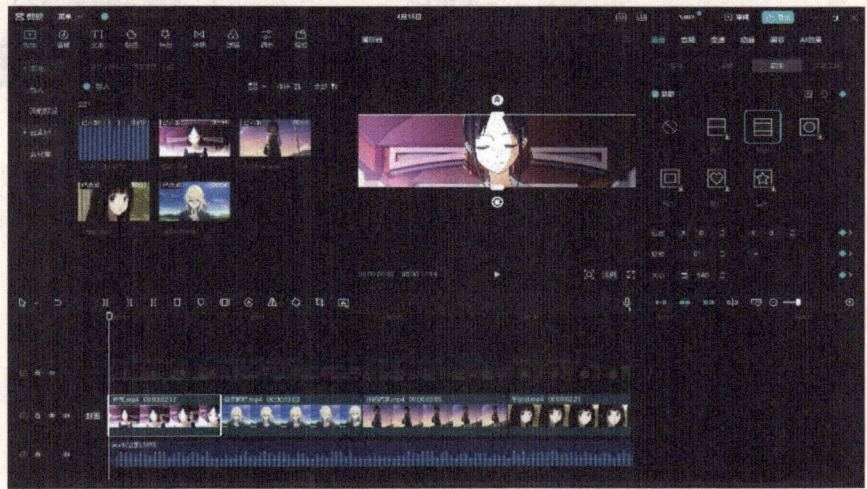
5. 将隐藏的视频轨道打开，选择抠像里的自定义抠像，用智能画笔涂抹人物，多余的部分可以使用橡皮擦擦掉，效果如图	

任务 4 添加特效

步骤	图示
6. 同样的方法，将四段视频主人物抠出	

任务评价

1. 自我评价（在已掌握的项目前打√）

- ☐ 添加视频特效
- ☐ 设置蒙版关键帧
- ☐ 设置"大小"关键帧动画
- ☐ 隐藏/显示视频轨道
- ☐ 使用自定义抠像
- ☐ 复制轨道素材

2. 教师评价

任务完成情况：☐ 优　　☐ 良　　☐ 合格　　☐ 不合格

任务5　编辑音频

	任务5　编辑音频	班级：	姓名：
	学习领域：影视制作	地点：	日期：

任务目标

1. 理解音频技术在影视制作中的重要性，掌握音频基本概念和术语
2. 使用剪映软件进行音频的编辑操作，包括视音频分离、音频裁剪、音频效果添加等
3. 能够独立完成一个短视频的音频编辑任务，提升音频处理能力

任务导入

了解音频的基本属性，包括频率、振幅、波形等，学习音频在视频制作中的应用；熟悉剪映音频菜单及编辑界面，掌握音频编辑的基本流程。尝试音频剪辑，例如音频的裁剪、拼接、淡入淡出等。

任务准备

通过观看一段未经音频编辑的视频，感受音频编辑前后的差异，激发学习兴趣；观看一些优秀的视频作品，分析其音频编辑的特点和技巧，提供实践参考；准备一些视频和音频素材供练习使用。

任务实施

步骤	图示
1. 声音在影视中有举足轻重的作用。单击"音频"菜单，可以选择"音乐素材""音效素材""音频提取"等	

步骤	图示
2. 在时间线中选中视音频右击,选择"分离音频"即可对音频单独进行编辑	
3. 可以为声音添加声音效果、变速,设置参数即可	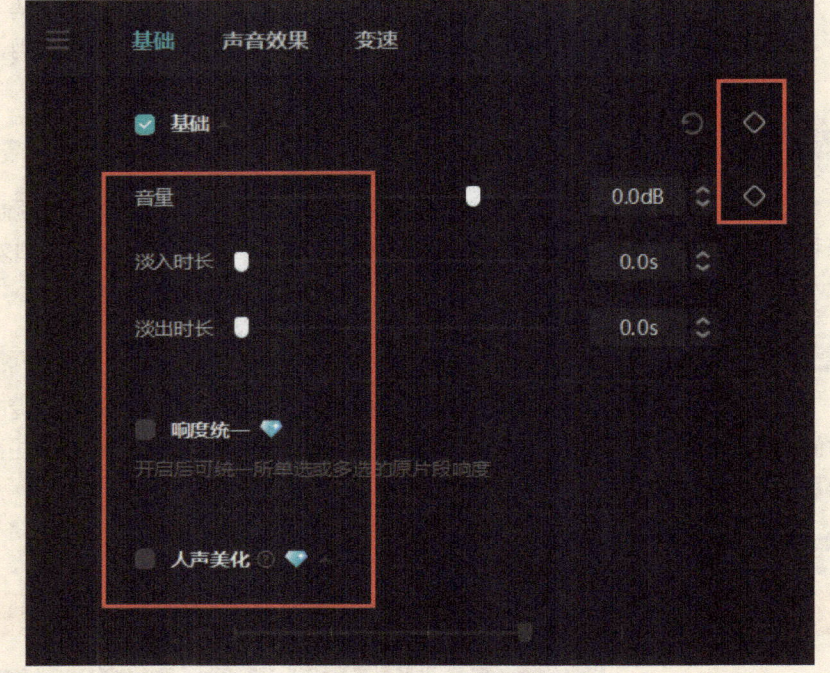

任务评价

1. 自我评价(在已掌握的项目前打√)

- ☐ 使用多种方式为视频添加音频
- ☐ 添加音乐变速关键帧效果
- ☐ 添加音频淡入淡出效果
- ☐ 设置音视频分离
- ☐ 从原视频中提取音频
- ☐ 裁剪音频,并对音频卡点

2. 教师评价

任务完成情况: ☐ 优 ☐ 良 ☐ 合格 ☐ 不合格

任务6　添加字幕

	任务6　添加字幕	班级：	姓名：
	学习领域：影视制作	地点：	日期：

目标

1. 理解字幕在影视制作中的重要性以及在视觉艺术中的表现手法
2. 能够熟练掌握剪映软件中字幕的添加、编辑和样式调整
3. 能够独立完成字幕模板的选取、新建字幕、字幕属性设置以及字幕识别等任务
4. 能在字幕设计中发挥创意，使用不同的字体、颜色和动画效果，使字幕与视频内容相得益彰

任务导入

观看一段没有字幕和有字幕的短视频，感受字幕的重要性；通过分析几个热门影视作品的字幕设计，讨论其设计思路和效果。

任务准备

安装软件和准备素材；对字幕的主要属性进行课前梳理；对口播技术进行初步了解。

任务实施

步骤	图示
1. 导入素材，单击工具栏"文本"，在列表中选择"文字模板"，在"文字模板"库中选择合适的模板	

步骤	图示
2. 在"文本"编辑栏中,输入文字"好好看的景色",并调整文字大小和位置,此时为视频画面添加了相应的文字	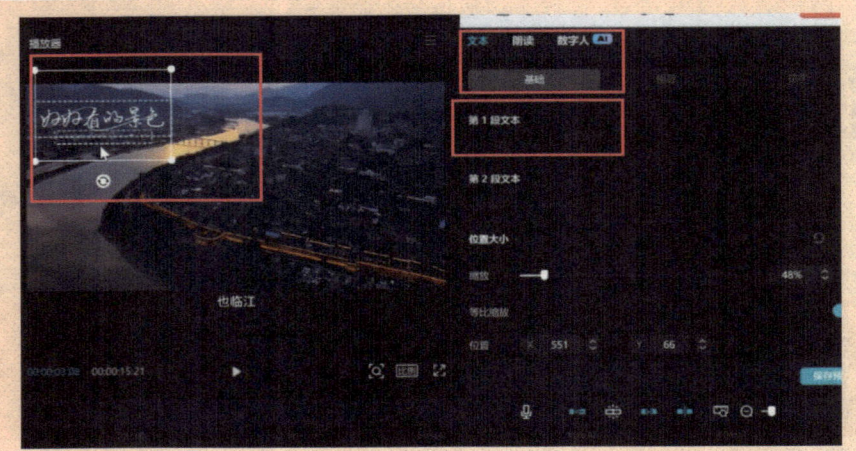
3. 添加"旁白"字幕,单击"智能字幕"选项卡中的"开始识别",识别视频中的声音,为声音自动添加字幕	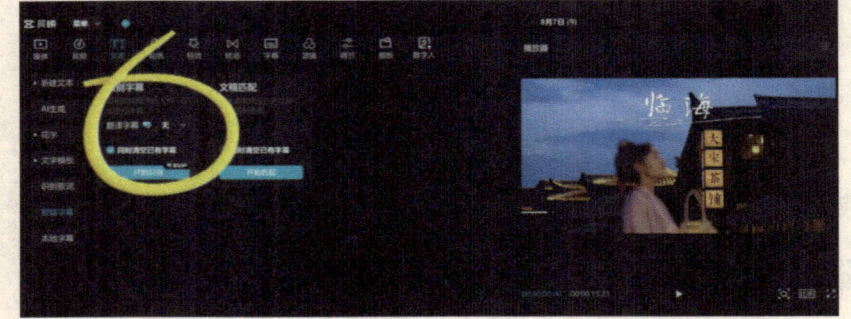
4. 在"朗读"选项卡中找到合适的音色,为字幕智能配音,这样可以改变原始视频中的声音	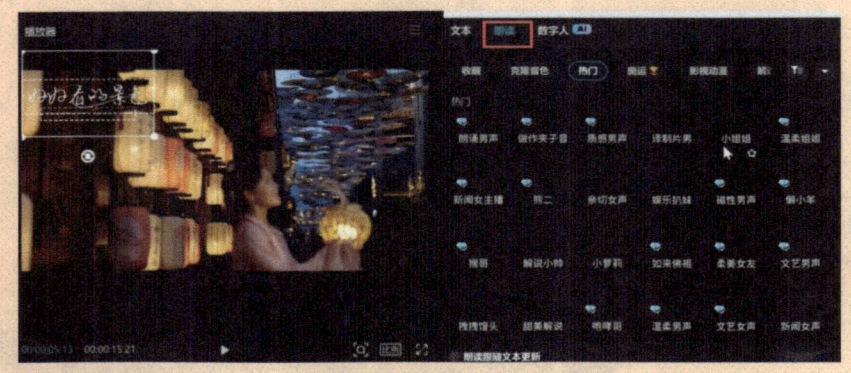
5. 单击"文本"选项卡的"气泡",选择喜欢的气泡后单击"保存预设",保存预设之后剪映会自动给每一个字幕都加上"气泡"效果	

 评价

1. 自我评价（在已掌握的项目前打 √ ）

- □ 选择合适的文字模板
- □ 调整文字大小
- □ 为字幕智能配音
- □ 添加旁白字幕
- □ 设置"智能字幕"
- □ 创建文字预设

2. 教师评价

任务完成情况： □ 优　　□ 良　　□ 合格　　□ 不合格

任务7 关键帧应用

任务7 关键帧应用	班级：	姓名：
学习领域：影视制作	地点：	日期：

任务目标

1. 理解关键帧在影视制作中的作用和原理
2. 能使用关键帧进行短视频动画制作，通过关键帧实现特定的视觉效果或叙事元素
3. 制作一段包含关键帧动画的短视频，培养创意思维和解决问题的能力

任务导入

观看关键帧动画的示例，理解关键帧的概念及其在动画制作中的作用和原理；集合"文旅+动漫"短视频特点，确定关键帧短视频动画思路和风格。

任务准备

简要介绍动画的基本原理，特别是关键帧在动画中的作用；对关键帧技能点进行梳理：列出关键帧动画的关键技能点，如时间控制、速度曲线、动画路径等；提供或指导收集适合关键帧动画的视频、图片和音频素材。

任务实施

步骤	图示
1. 打开"剪映"，选择"媒体"菜单，添加一个白场。选择"贴纸"菜单，添加两个线段贴纸，调整线段的大小和位置翻转，使其成为一条手绘曲线	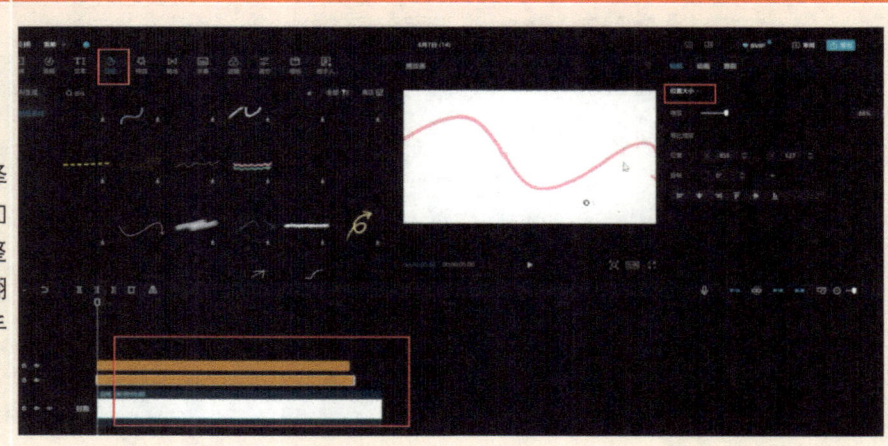

步骤	图示
2. 导入"风景"素材,在"抠像"面板中选择"智能抠像",用"自定义画笔"将标志性建筑物进行抠像,并对标志性建筑物进行"抠像描边"	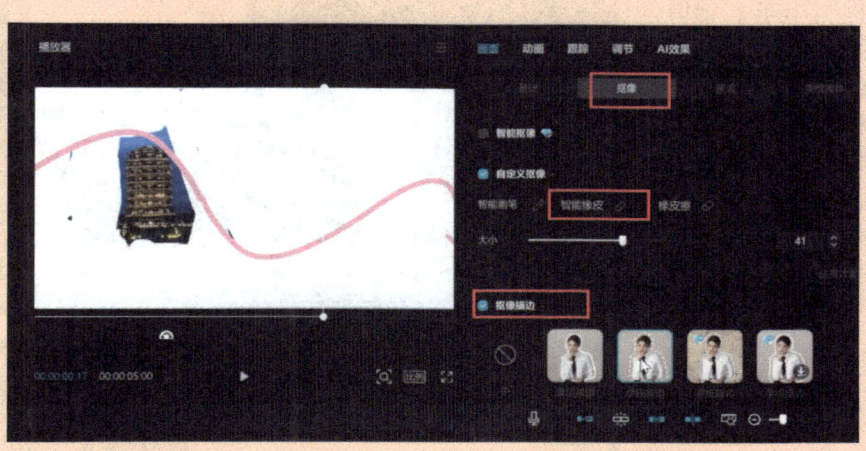
3. 将标志性建筑物移动到手绘曲线的合适位置,调整大小。用同样的方法,制作出后两个建筑物。将三个标志性建筑物放在合适的位置	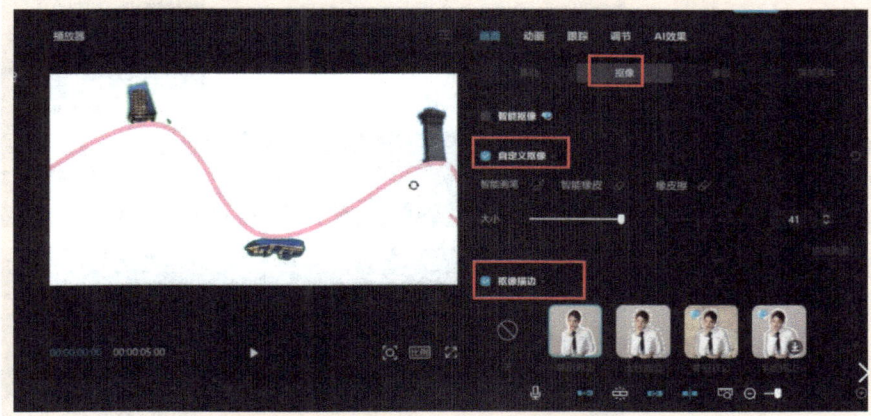
4. 为三个标志性建筑物添加文字说明。选择合适的"文字模板"制作文字,将文字和贴画放在曲线合适的位置	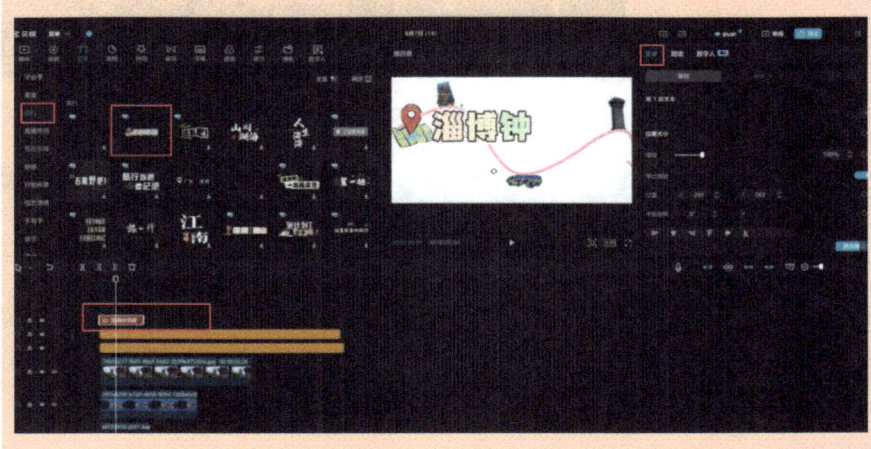

任务 7 关键帧应用

步骤	图示
5. 添加"贴纸素材"小车，把时间线定位在视频开头位置，在"贴纸"属性选项卡中，单击"位置"右边的"关键帧"按钮，为"小车"添加位置关键帧	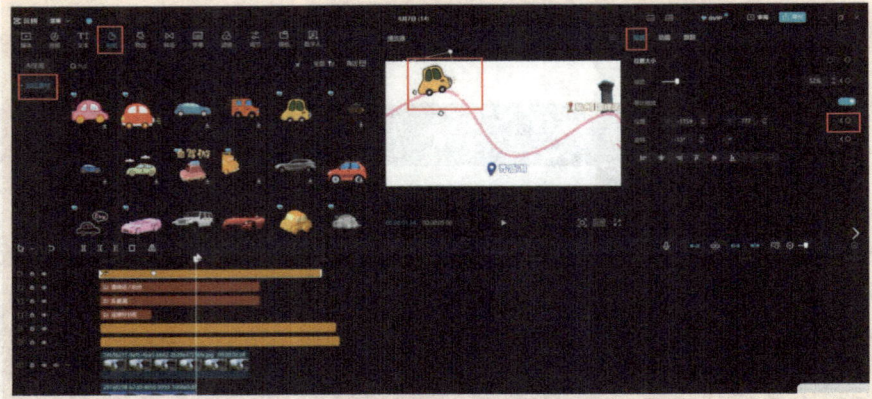
6. 定位时间线在合适位置，把"小车"拖动到合适的位置，系统自动为其添加关键帧，从而实现了旅游的"动漫"路程图	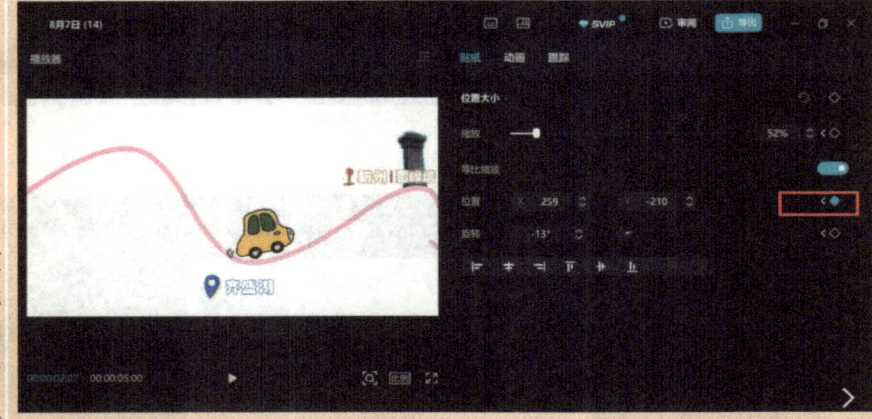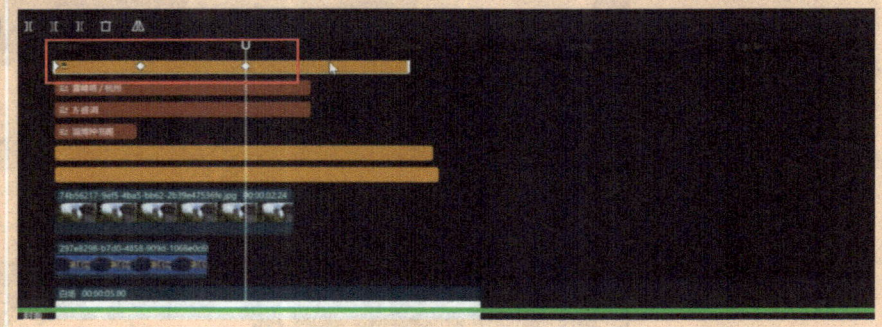

任务评价

1. 自我评价（在已掌握的项目前打√）

- ☐ 添加贴纸素材
- ☐ 实现智能抠像
- ☐ 设置位置关键帧
- ☐ 绘制运动路径曲线
- ☐ 实现"抠像描边"
- ☐ 利用"文字模板"新建文字

2. 教师评价

任务完成情况：☐ 优　☐ 良　☐ 合格　☐ 不合格

任务8　插入画中画

	任务8　插入画中画	班级：	姓名：
	学习领域：影视制作	地点：	日期：

任务目标

1. 理解画中画技术的原理及其在视频编辑中的应用，能识别短视频的画中画效果
2. 运用所学技能，发挥创意，制作出具有个性化和吸引力的短视频作品
3. 能用进阶的剪辑技巧和创意点子，通过画中画技术增强短视频内容的表现力，培养创意思维

任务导入

观看画中画案例，介绍画中画的基本原理和应用场景；温习视频画面的缩放、定格以及基本的剪辑技术。

任务准备

提前准备一些视频和音频素材，在制作过程中使用；这些素材可以是自己拍摄的视频，或者是提供的示例素材；区分画中画的主视频（即画中画的背景）和次视频（作为画中画要嵌入的内容），确定短视频表现风格。

任务实施

步骤	图示
引言： 画中画是一种视频编辑技术，允许在一个视频画面中嵌入另一个视频画面，为视频创作提供了更多可能性和创意空间	

步骤	图示
1. 导入素材，关闭原音。单击"音频"菜单栏，为素材添加"走秀"音频	
2. 将时间线移动到人物出场位置，单击时间线中的"定格"按钮，将"定格"图片移动到素材的上层，实现画中画的基础设置	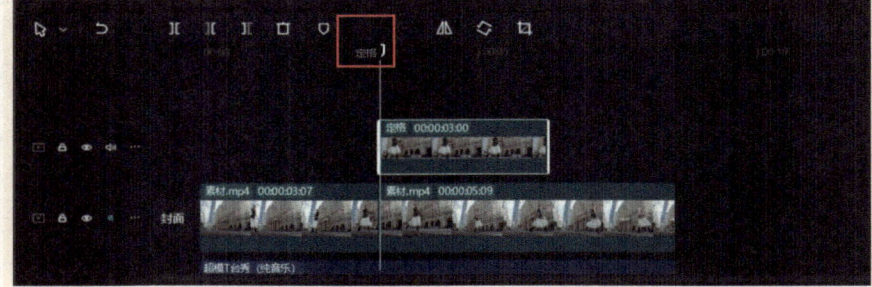
3. 在"画面"属性选项卡中，选择"抠像"的"自定义抠像"，用"智能橡皮"进行人物抠像，并"抠像描边"	

剪映篇

步骤	图示
4．重复以上步骤，并移动"定格"图片到合适位置，实现画中画同框效果	

任务评价

1. 自我评价（在已掌握的项目前打√）

- ☐ 添加在线音频
- ☐ 对画面进行自定义抠像
- ☐ 调整图像大小和位置
- ☐ 新建"定格"图片
- ☐ 设置抠像描边
- ☐ 实现画中画同框效果

2. 教师评价

任务完成情况：☐ 优　☐ 良　☐ 合格　☐ 不合格

任务 8　插入画中画

任务9　抠像

任务9	抠像	班级：		姓名：
学习领域：影视制作		地点：		日期：

任务目标

1. 进一步理解抠像技术的基本概念及其在短视频制作中的应用
2. 能用剪映软件中智能抠像、自定义抠像和色度抠图三种抠像方法完成视频抠像，将特定背景替换为其他图像或视频，或保留视频中需要的部分
3. 能够识别并选择合适的素材进行抠像操作，能够创造性地应用抠像技术，制作出具有吸引力的视频内容

任务导入

查阅抠像的基本操作方法和基本原理；尝试在剪映软件中导入视频素材、选择抠像功能、调整参数和替换背景。

任务准备

准备一些在纯色背景（通常是绿色或蓝色）前拍摄的视频素材，以及用作新背景的视频或图片素材。

任务实施

步骤	图示
1. 导入两段素材，在素材的衔接处单击时间线上的"定格"，将"定格"画面放在素材轨道的上方	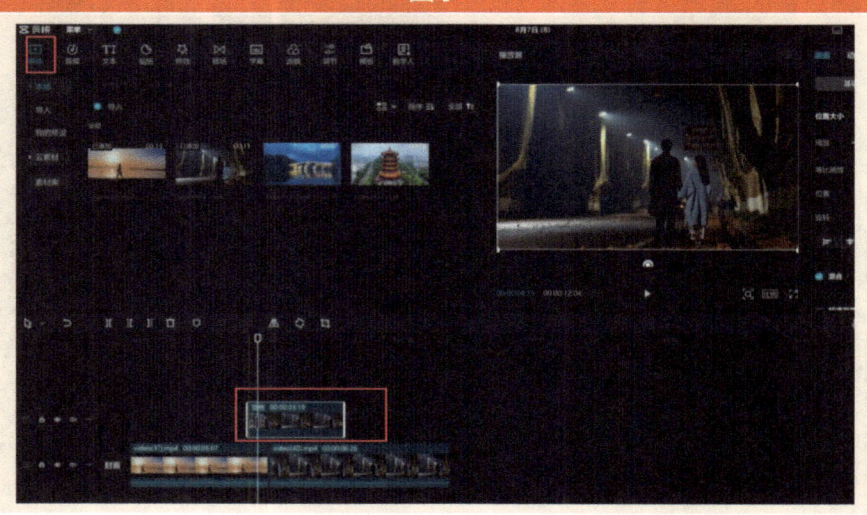

步骤	图示
2. 选择"画面"选项卡的"抠像"命令,选择"自定义抠像",单击"智能橡皮",在素材中需要的位置按住鼠标左键进行智能抠像	
3. 选择"抠像描边",为抠出的图像描边	
4. 添加"音乐素材",添加"音乐节点标记",选择"踩节拍I",为音频卡点	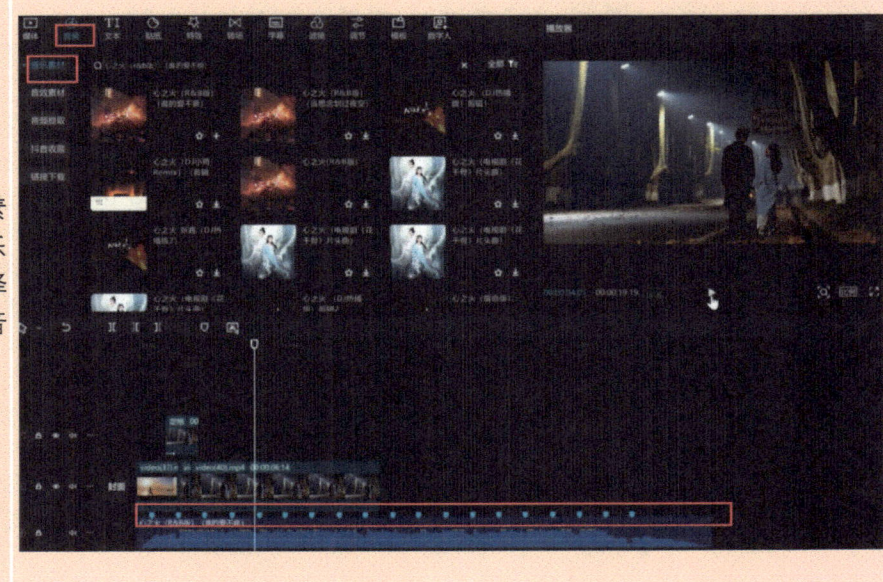

任务 9 抠像

步骤	图示
5. 为"定格"画面添加"入场"效果，使其过渡平滑	

任务评价

1. 自我评价（在已掌握的项目前打√）	
☐ 使用"智能橡皮"进行抠像	☐ 自定义抠像
☐ 实现抠像描边	☐ 设置音乐节点，实现音频卡点
☐ 为音频添加转场特效	☐ 添加素材轨道

2. 教师评价

任务完成情况： ☐ 优　　☐ 良　　☐ 合格　　☐ 不合格

任务10　蒙版应用

	任务10　蒙版应用	班级：	姓名：
	学习领域：影视制作	地点：	日期：

任务目标

1. 了解并掌握剪映软件中蒙版的基本概念、分类及操作方法
2. 熟练运用蒙版功能进行视频编辑，调整蒙版形状，设置蒙版动画等
3. 综合运用蒙版功能，创作一段具有创意的动漫短视频

任务导入

观看蒙版技术在剪映视频编辑中的应用视频，思考和讨论蒙版技术在视频创作中的潜力和创意用途；解释蒙版技术的基本原理，包括不同类型的蒙版（如形状蒙版、镜面蒙版等）和关键帧的使用；尝试对视频进行蒙版编辑。

任务准备

准备一些视频素材，特别是包含需要遮盖或特别强调的元素的视频片段。

任务实施

步骤	图示
1. 将素材依次导入编辑区域	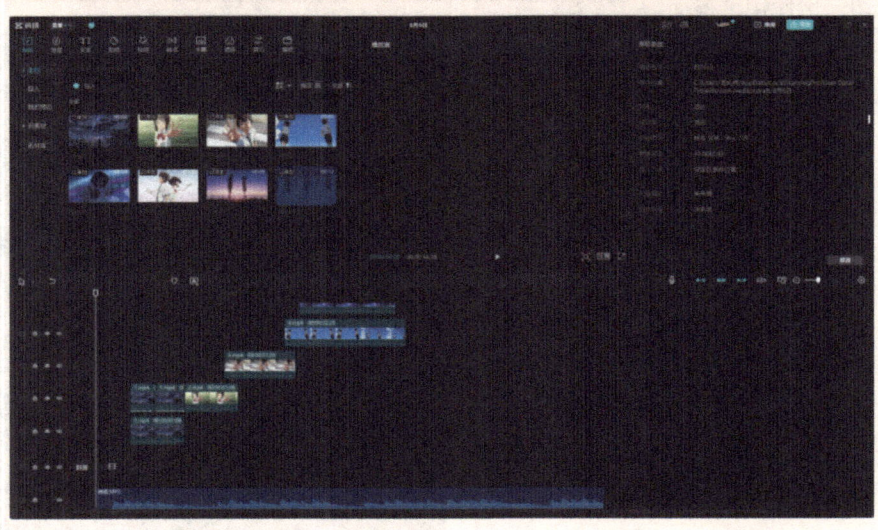

步骤	图示
2. 选中轨道1,在"蒙版"菜单中选择合适的蒙版,将蒙版分割线向左挪动至中间	
3. 轨道2的素材1从中间剪辑分开,左边一份使用"镜面"模板,使用入场动画"向上转入"	 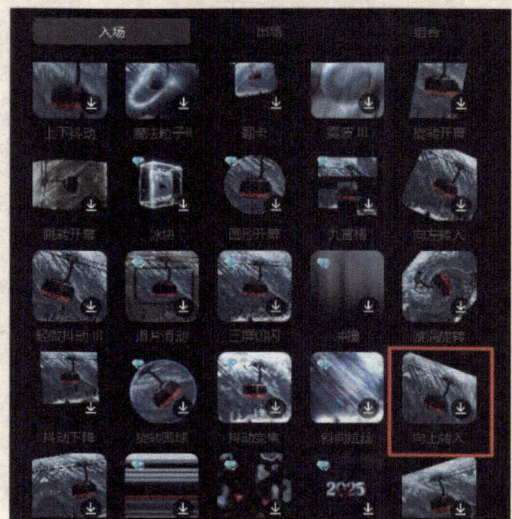

步骤	图示
4. 右边同样使用"镜面"蒙版，使用入场动画"向下甩入"	 

步骤	图示
5. 素材3使用"镜面"蒙版，适当调整羽化值并设置关键帧，再将蒙版分割白线拉至素材2末尾。单击素材3再将蒙版全部拉开，生成关键帧	 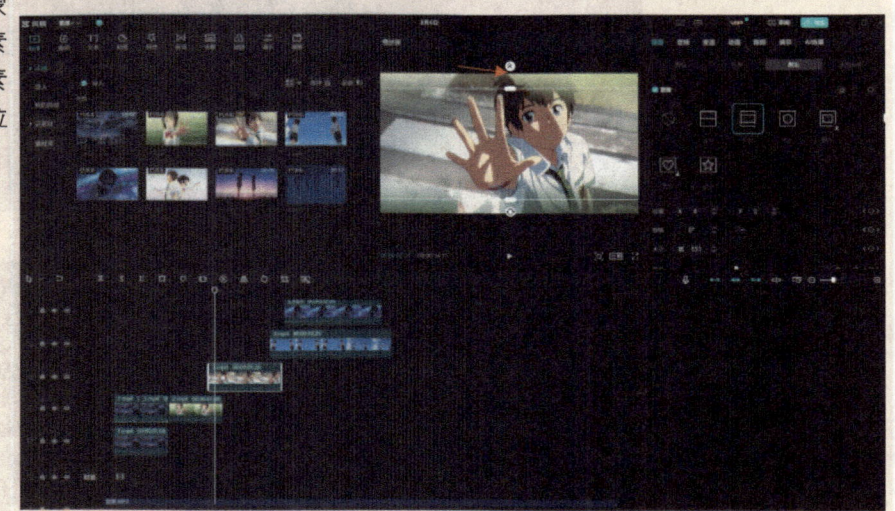
6. 将素材4拖至素材3上方轨道，两者叠加，素材5拖至素材4稍微中间部分，使用"圆形"蒙版，将羽化值调到最大并放置于中心位置，生成关键帧，然后在素材5的结尾设置关键帧	

步骤	图示

7. 将素材6拖至素材5上方连接末尾处，使用"星形"蒙版，在中心位置适量调整羽化值并添加关键帧；在素材6关键帧后两秒钟左右的位置，将星形拉开并生成关键帧

8. 将素材7拖至素材6往左适当位置并使用"线性"蒙版，将线移至右上角生成关键帧

9. 将时间线移至素材6结尾，将蒙版分割白线移至左下角生成关键帧，完成操作

任务评价

1. 自我评价（在已掌握的项目前打 √ ）

- □ 设置"线性"蒙版
- □ 添加"圆形"蒙版
- □ 实现"星形"过渡效果
- □ 添加"镜面"蒙版
- □ 实现蒙版关键帧变化
- □ 设置蒙版羽化值

2. 教师评价

任务完成情况： □ 优　　□ 良　　□ 合格　　□ 不合格

任务11　添加AI效果

	任务11　添加AI效果	班级：	姓名：
	学习领域：影视制作	地点：	日期：

任务目标

1. 能够理解剪映AI的基本功能，能够利用剪映AI的功能，如自动剪辑、智能配乐等，提高视频制作效率
2. 能运用剪映AI自动踩点、AI数字人口播、智能文案等技术，自动匹配视频素材，自动添加字幕、配音和配乐，简化视频制作流程
3. 培养读者对AI创作的兴趣，提升审美能力和创新思维

任务导入

观看一段由剪映AI编辑的视频，激发学习兴趣；讨论剪映AI技术在影视制作领域的应用场景，简要介绍剪映AI的界面布局、主要功能和特点。

任务准备

准备视频素材，申请剪映会员。

任务实施

步骤	图示
1. 首先用"剪映"智能生成文案。打开"剪映"，插入文本后，在"文本"属性编辑区域选择"智能文案"，输入主题"勇敢"，自动生成文案	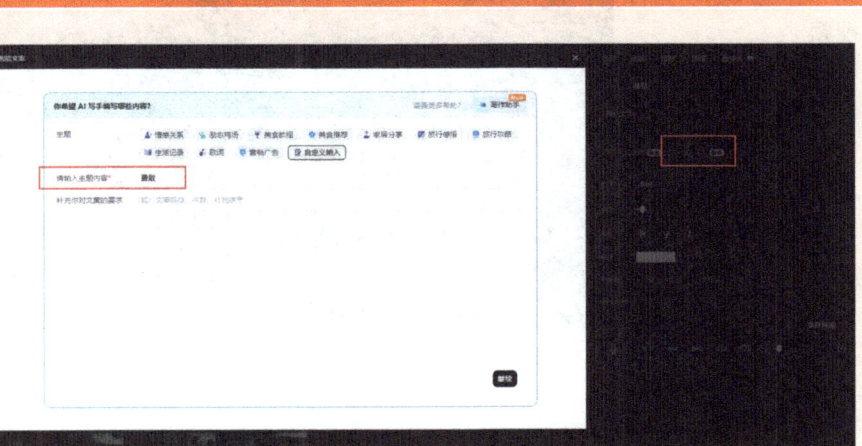

步骤	图示
2. 单击"添加到时间线"按钮，系统将进行"自动拆句"，并把对应的字幕添加到"时间线"	
3. 接下来添加"数字人"。单击"数字人"菜单，选择合适的形象，添加数字人，等待一段时间后会生成数字人音视频	

步骤	图示
4. 调整数字人的位置和大小，单击播放按钮，进行了数字人的口播	
5. 也可以用"剪映"的"图文成片""智能裁剪"命令，AI文生视频、自动裁剪	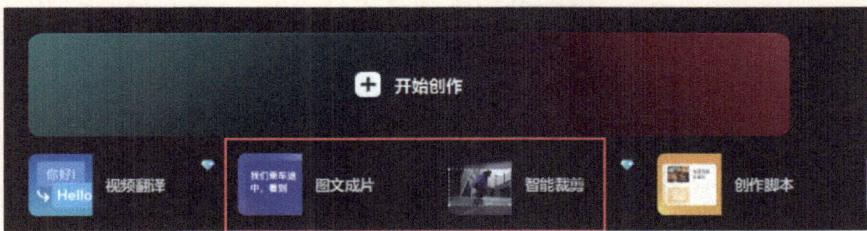

任务评价

1. 自我评价（在已掌握的项目前打√）

- □ 生成智能文案
- □ 添加数字人
- □ 实现图文成片和自动裁剪视频
- □ 实现自动拆句
- □ 实现数字人口播
- □ AI文生视频

2. 教师评价

任务完成情况：□ 优　　□ 良　　□ 合格　　□ 不合格

任务 11 添加 AI 效果

Premiere Pro 篇

- 任务1　认识工作界面　　// 090
- 任务2　体验基本流程　　// 093
- 任务3　分割分离素材　　// 097
- 任务4　快捷键操作　　　// 101
- 任务5　音频调整　　　　// 103
- 任务6　色彩调整　　　　// 106
- 任务7　制作闪烁震动　　// 109
- 任务8　添加转场效果　　// 112
- 任务9　添加分屏效果　　// 115
- 任务10　颜色键操作　　 // 119

任务1　认识工作界面

任务1　认识工作界面	班级：	姓名：
学习领域：Premiere基础	地点：	日期：

任务目标

1. 熟悉Premiere Pro（以下简称Premiere）工作界面的组成
2. 掌握面板的定制和切换
3. 学会"首选项"的主要设置
4. 优化作业环境，提高操作效率

任务导入

在视频网站观看Premiere作品，感受Premiere作品中的艺术与技术结合的创造之美。

任务准备

安装好Premiere软件。

任务实施

步骤	图示
1. 启动Premiere软件，界面共包括五大基本区域："项目"面板、"工具"面板、"时间轴"面板、"效果控件"面板及"节目"面板	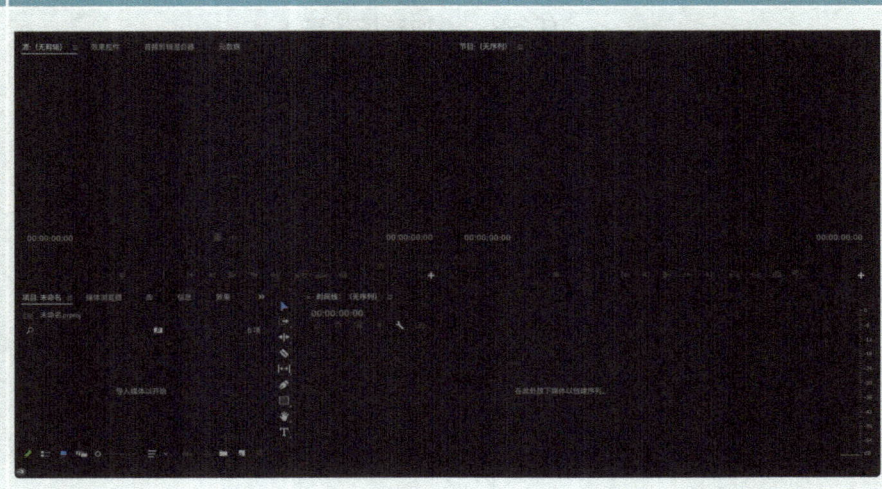

步骤	图示
2. "项目"面板的主要作用是管理素材文件,显示素材文件的名称、长度、大小等基本信息	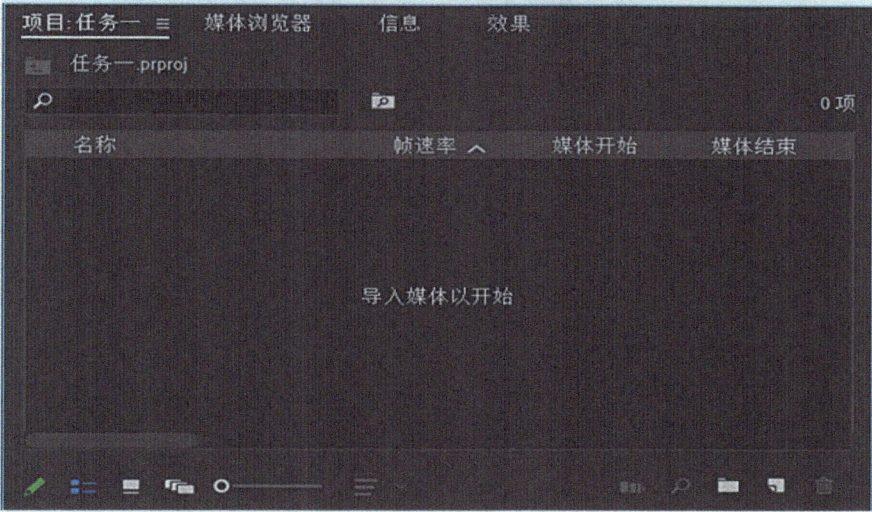
3. "工具"面板主要用于编辑"时间轴"面板中的素材文件,图标右下角带有三角形标志的表示包含多个工具	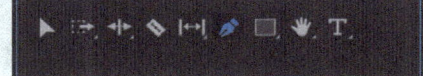
4. "时间轴"面板是Premiere的主要工作区域,包括轨道层、时间标尺、时间指示器等。主要用于编辑和剪辑视频、音频文件	
5. "节目"面板又称"节目监视器"面板,用于展示视频剪辑及特效添加之后的效果,以便用户实时修改调整	

步骤	图示
6. "效果控件"面板可以对素材的属性及特效参数进行设置	
7. 选择"编辑"→"首选项"命令,打开"首选项"对话框。在此可对Premiere的操作环境进行定制,例如,静止图像默认持续时间、默认媒体缩放、自动保存时间间隔等	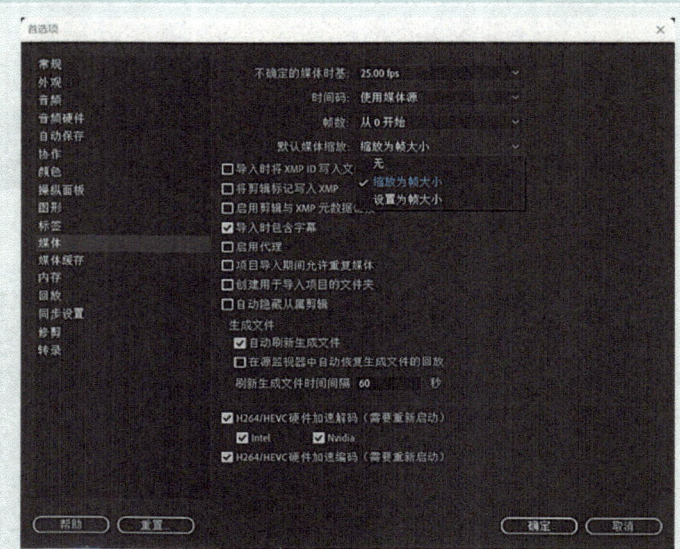

任务评价

1. 自我评价（在已掌握的项目前打√）
   - □ 熟悉Premiere的界面组成
   - □ 学会"编辑"与"图形"标签页的切换
   - □ 找到"项目"面板中的"新建项"按钮
   - □ 找到"工具"面板中的"剃刀"工具和"文字"工具
   - □ 找到"节目"面板中的"播放""暂停"和"导出帧"按钮
   - □ 找到"效果控件"面板中的"运动""缩放""不透明度"等属性

2. 教师评价
   任务完成情况：□ 优　　□ 良　　□ 合格　　□ 不合格

任务2　体验基本流程

任务2　体验基本流程	班级：	姓名：
学习领域：Premiere基础	地点：	日期：

任务目标

1. 掌握Premiere的"导入"→"编辑"→"导出"的基本工作流程
2. 学会"首选项"面板的设置方法
3. 学会音视频的"默认过渡"设置
4. 学会渲染输出视频
5. 批量优化快捷键，提高工作效率

任务导入

在视频网站观看Premiere作品，感受Premiere作品艺术与技术结合的创造之美。

任务准备

Premiere安装及调试，完成任务所需要的图片、音频和视频素材。

任务实施

步骤	图示
1. 启动Premiere软件，在"项目"面板导入一批视频和音频素材	

步骤	图示
2. 将素材分别拖至视频轨道V和音频轨道A	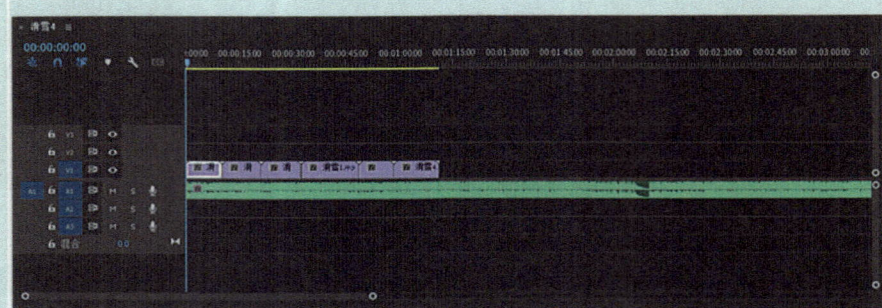
3. 使用"剃刀工具"或快捷键<Ctrl+K>分割音频素材，使其和视频素材对齐	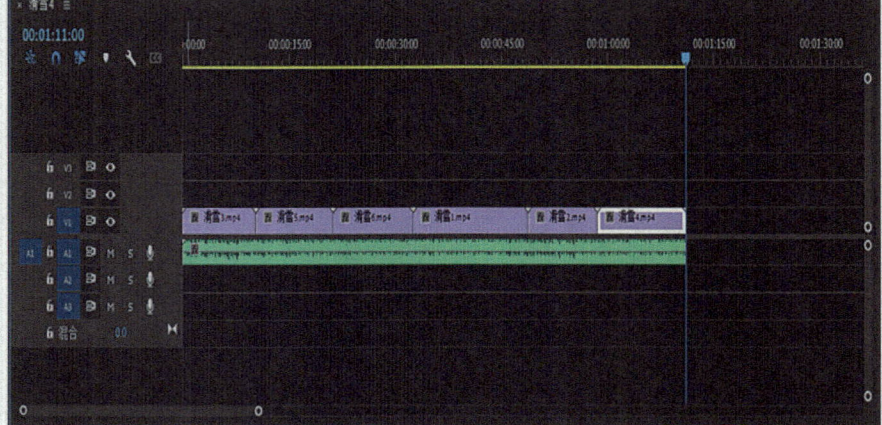
4. 单击"编辑"→"首选项"→"音频"命令，取消勾选"搜索时播放音频"选项，避免在拖动时间线指针时出现噪声	

步骤	图示
5. 打开"效果"面板,搜索"交叉溶解"效果,右击该效果将其设置为默认过渡效果	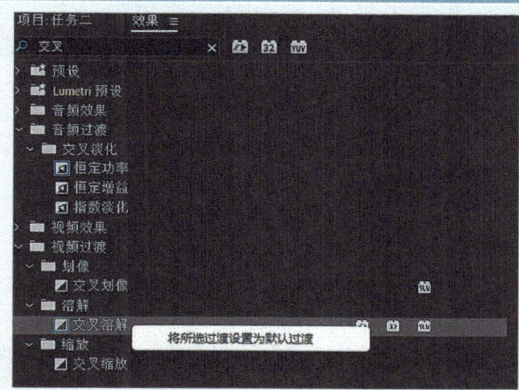
6. 将默认过渡效果批量应用于轨道素材的首尾和两两之间,可以按下快捷键<Ctrl+D>	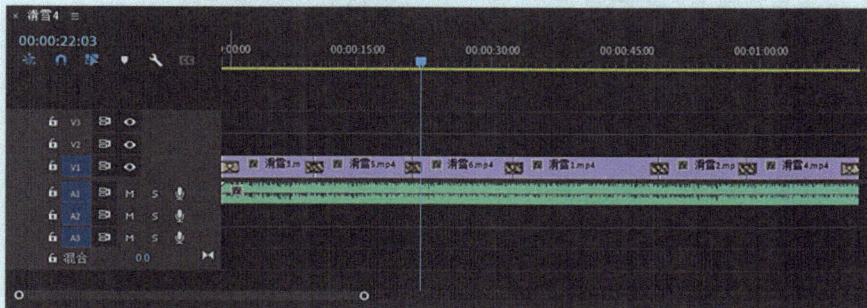
7. 选定音频轨道A,按下快捷键<Ctrl+Shift+D>,给音频添加"恒定功率"效果,即淡入淡出	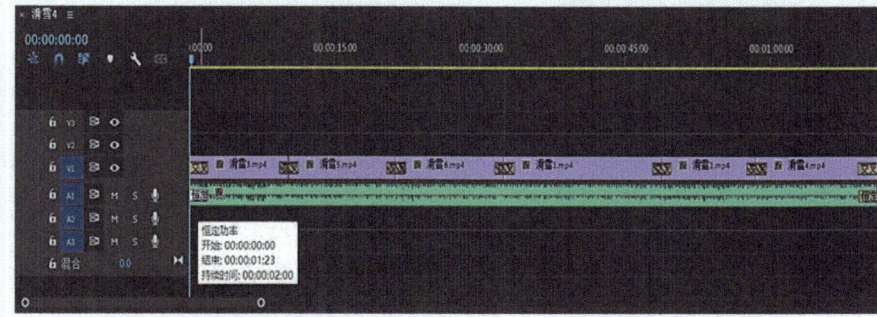
8. 按下快捷键<Ctrl+M>,切换至"导出"面板,设置好媒体文件导出的名称、保存的位置及格式等,完成Premiere规范的制作流程	

评价

1. 自我评价（在已掌握的项目前打√）
   □ Premiere的规范工作流程
   □ "工具"面板的快捷键使用
   □ 设置"首选项"面板
   □ 音视频素材"默认过渡"的设置
   □ 快捷键<Ctrl+D>的使用
   □ 快捷键<Ctrl+Shift+D>的使用
   □ 渲染输出视频

2. 教师评价
   任务完成情况：□ 优　　□ 良　　□ 合格　　□ 不合格

任务3　分割分离素材

	任务3　分割分离素材	班级：	姓名：
	学习领域：Premiere基础	地点：	日期：

任务目标

1. 掌握分割、分离素材常用的方法
2. 掌握分割素材的工具及快捷键的使用
3. 学会使用"场景编辑检测"命令自动分割素材
4. 学会利用高版本软件的高性能提高工作效率

任务导入

在Premiere中，分割和分离素材是使用频率最高的操作，不仅要学会使用工具和命令，还要学会相应的快捷键操作。

任务准备

在Premiere中使用工具和命令两种不同的方式对素材进行分割、分离。

任务实施

步骤	图示
1. 启动Premiere，在"项目"面板中导入一个视频素材；将素材拖拽至时间轴上，创建一个新的序列	

步骤	图示
2. 右击"时间轴"上的素材，在弹出的快捷菜单中选择"取消链接"命令，可将素材的视频、音频轨道分离 注：按住<Alt>键的同时单击视频或音频素材，也可将素材的视频、音频分离	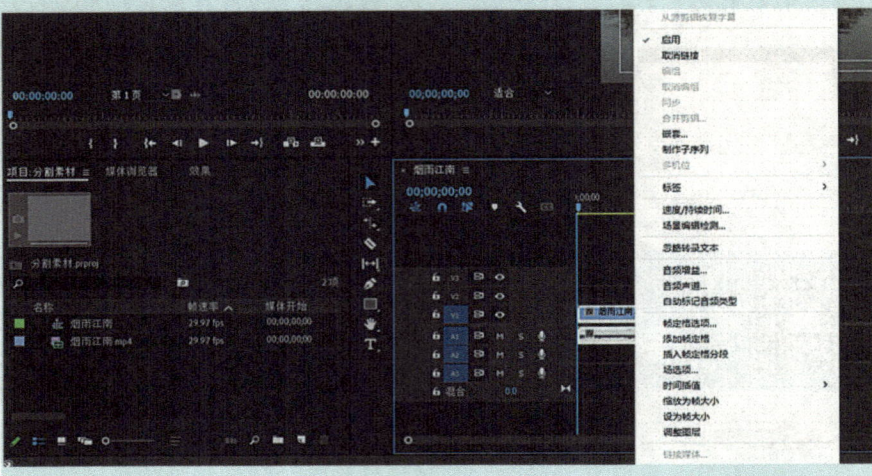
3. 将当前时间指示器拖拽至指定的位置，再用"剃刀工具"单击时间轴上的素材，即可对素材进行分割	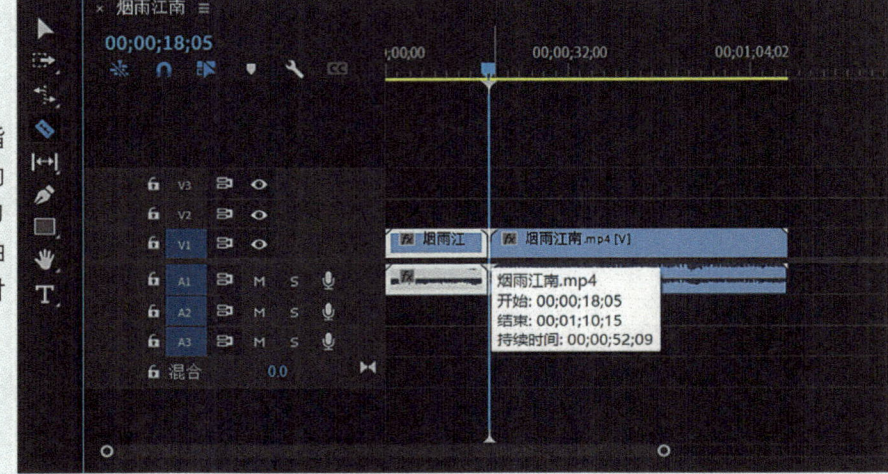
4. 分割素材最常用的快捷键是<Ctrl+K>。若要对多层素材进行分割，那么可使用快捷键<Ctrl+Shift+K>	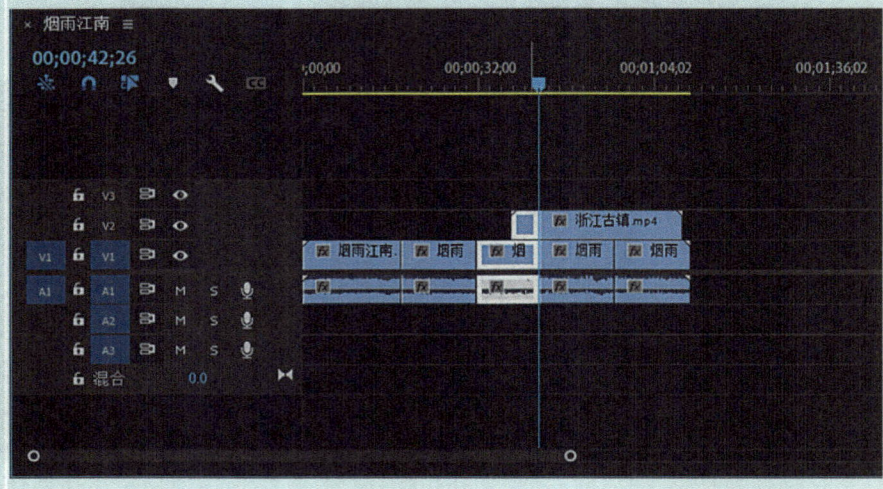

步骤	图示
5. 在时间轴上右击素材，在弹出的快捷菜单中选择"场景编辑检测"命令，打开其对话框，勾选"从每个检测到的修剪点创建子剪辑素材箱"复选框，单击"分析"按钮，对素材进行分析并分割	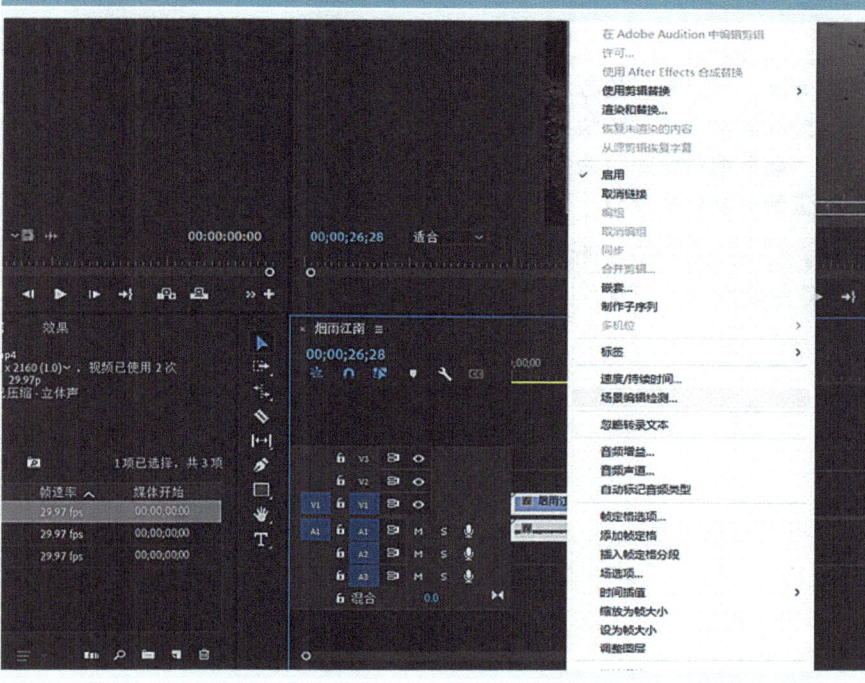 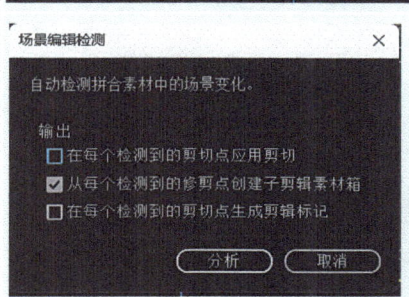 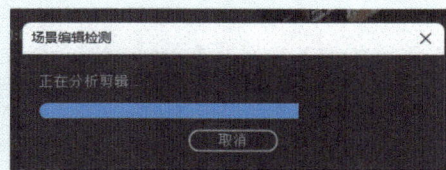
6. 分析结束，在"项目"面板中自动创建一个文件夹，其中存放的就是自动分段切割的素材	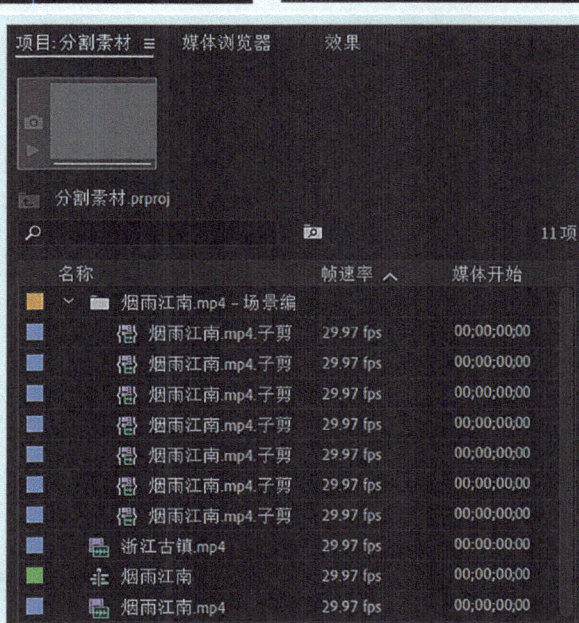

任务 3　分割分离素材

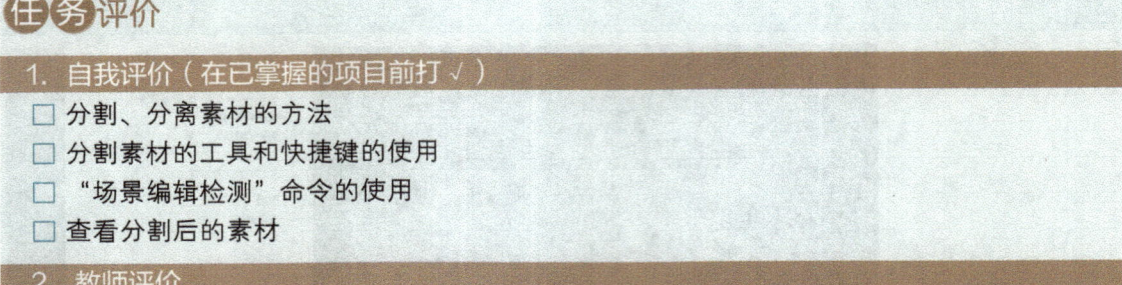

1. 自我评价（在已掌握的项目前打√）
   □ 分割、分离素材的方法
   □ 分割素材的工具和快捷键的使用
   □ "场景编辑检测"命令的使用
   □ 查看分割后的素材

2. 教师评价
   任务完成情况：□ 优　　□ 良　　□ 合格　　□ 不合格

任务4　快捷键操作

	任务4　快捷键操作	班级：	姓名：
	学习领域：Premiere基础	地点：	日期：

任务目标

1. 掌握Premiere中常用的快捷键操作
2. 掌握Premiere中文件操作常用的快捷键
3. 掌握Premiere中剪辑类操作常用的快捷键
4. 学会使用快捷键，可以有效提升工作效率

任务导入

在Premiere中，熟练操作者都是使用快捷键的高手。使用快捷键不仅可以提高工作效率，更能提升制作质量。

任务准备

本任务以Adobe Premiere Pro 2024版为例，介绍Premiere快捷键的使用。

Premiere中的某些快捷键会与中文输入状态下的快捷键冲突，导致操作者无法正常使用，需要将输入法切换为英文输入状态方可正常使用。

任务实施

步骤	图示
1. 启动Premiere，按快捷键<Ctrl+Alt+K>，打开"键盘快捷键"对话框	

步骤	图示
2. Premiere中文件类操作常用的快捷键如右栏所示	Ctrl+Alt+N：新建项目 Ctrl+N：新建序列 Ctrl+S：保存项目文件 Ctrl+I：导入素材文件 Ctrl+M：导出媒体文件
3. Premiere中剪辑类操作常用的快捷键如右栏所示	Ctrl+K：分割素材 Ctrl+Alt+K：分割选中的多段素材 Shift+Del：删除波纹 Ctrl+D/ Shift+D：设置默认转场效果 Ctrl+L：取消链接（音、视频轨道） 上/下方向键：跳转至前/后一个分割点 左/右方向键：向前/向后移动1帧 Shift+左/右方向键：向前向后移动帧 M：添加标记 Ctrl+Alt+M：删除所选标记 Alt+鼠标左键：复制素材 Ctrl+后半段素材：交换前后素材的位置

任务评价

1. 自我评价（在已掌握的项目前打 √ ）
   - ☐ 查阅Premiere的快捷键
   - ☐ 重新定义快捷键的方法
   - ☐ 文件类操作常用的快捷键
   - ☐ 剪辑类操作常用的快捷键
   - ☐ 避开与中文输入状态下的快捷键冲突
   - ☐ Premiere中的工具类快捷键

2. 教师评价
   任务完成情况：☐ 优　　☐ 良　　☐ 合格　　☐ 不合格

任务5　音频调整

	任务5　音频调整	班级：	姓名：
	学习领域：Premiere基础	地点：	日期：

任务目标

1. 掌握在音频轨道中调节音量的方法
2. 掌握在"效果控件"面板中调节音量的方法
3. 掌握声音的降噪处理方法，提高声音品质

任务导入

观看众多平台上的短视频作品，可以发现声音是短视频中不可或缺的组成部分，它对提高作品的品质有极其重要的意义。

任务准备

在Premiere时间轴的音频轨道（A）中包含多种声音调节方法，尤其是在Premiere高版本的"音频"面板，包含强大的音量调节功能。

任务实施

步骤	图示
1. 启动Premiere，在"项目"面板中导入一个包含音频的视频素材；将素材拖至时间轴，创建一个新的序列；按快捷键<Alt+"+/−">可将A1音频轨道纵向放大/缩小	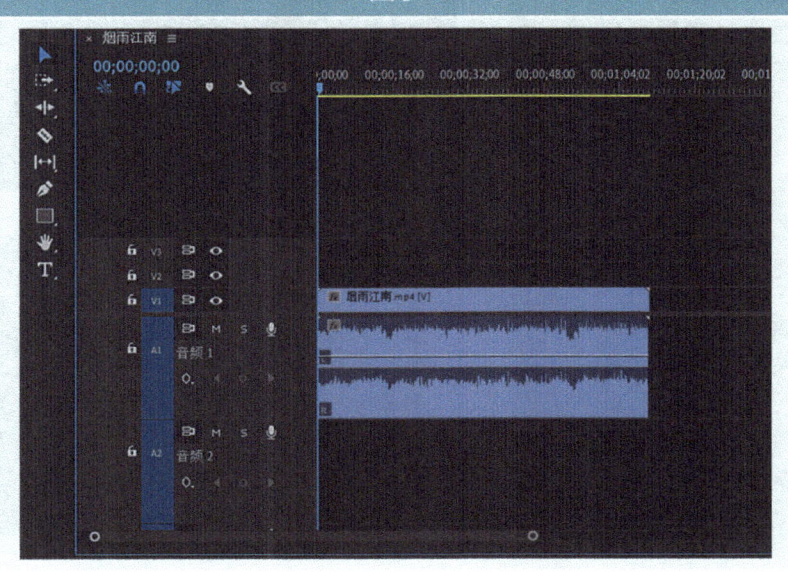

步骤	图示
2. 使用"钢笔工具"或按住<Ctrl>键单击"选择工具",在音频轨道上添加4个关键帧,调整成如图所示的梯形,完成声音的淡入、淡出效果	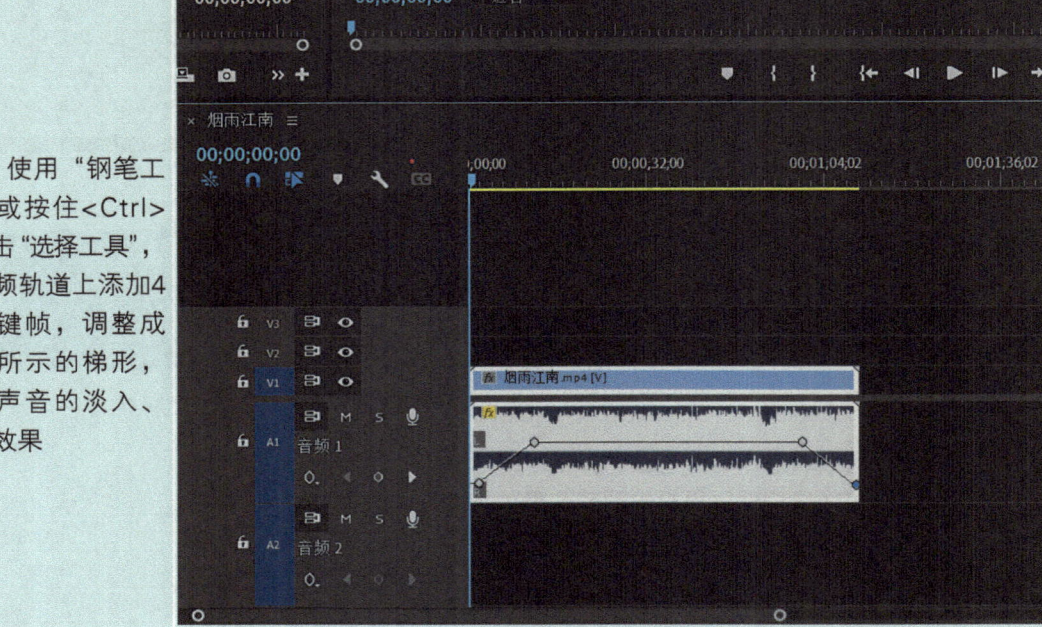
3. 也可在"效果控件"面板中进行音量大小的调节。通过"音频"→"音量"→"级别"命令调整参数值,可以方便地对音量进行调节	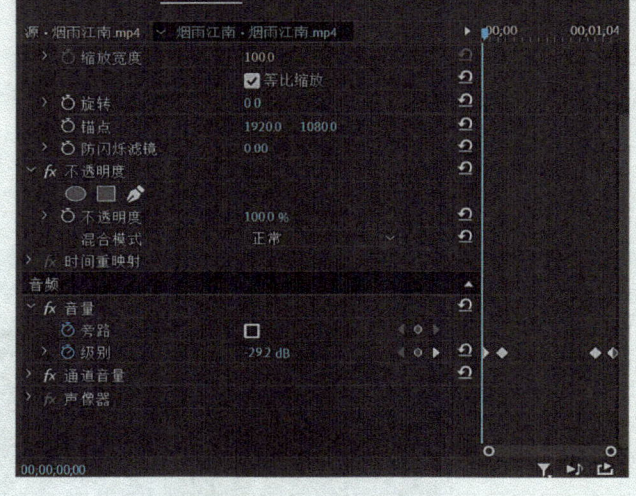
4. 打开"效果"面板,选择"音频效果"→"降杂/恢复"→"降噪"选项,将其拖至需要降噪的素材之上	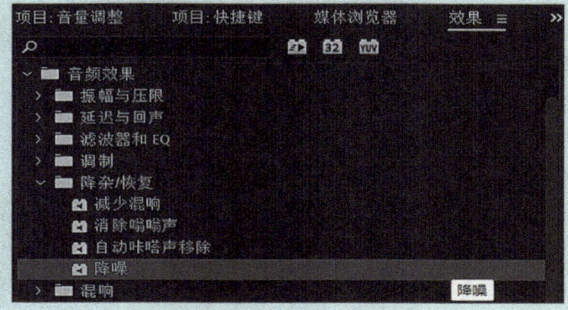

步骤	图示
5．打开"效果控件"面板，单击"降噪"→"自定义设置"→"编辑"，打开"降噪"设置对话框，在"预设"面板中选择"强降噪"，完成声音的降噪处理	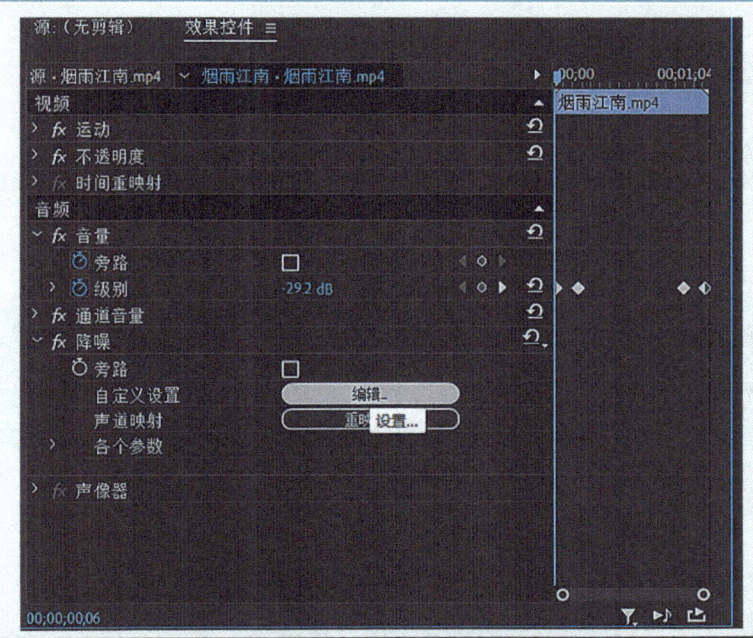 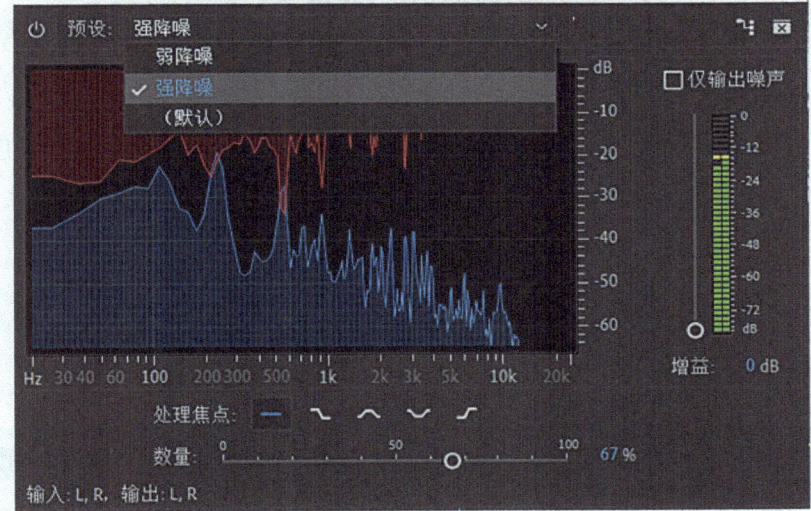

任务 5　音频调整

任务评价

1. 自我评价（在已掌握的项目前打√）
- □ 音频轨道的纵向调整方法
- □ 音频轨道调节音量的方法
- □ 在"效果控件"面板中调节音量
- □ 声音的降噪处理
- □ "音频"面板的基本属性

2. 教师评价
任务完成情况：□ 优　　□ 良　　□ 合格　　□ 不合格

任务6　色彩调整

	任务6　色彩调整	班级：	姓名：
	学习领域：Premiere基础	地点：	日期：

任务目标

1. 掌握Premiere中常见的调色方法
2. 学会"色彩"或"更改为颜色"的调色方法
3. 学会利用"Lumetri颜色"面板调色
4. 学会使用丰富的颜色去表现大千世界的美，从而提高画面视觉表现力

任务导入

Premiere的调色操作主要是调节素材的曝光、色相、饱和度和亮度、色温、对比度等参数，可以满足大众化、专业化需求。

任务准备

了解色彩的基本知识。

任务实施

步骤	图示
1. 启动Premiere软件，在"项目"面板中导入一个视频素材；将素材拖至时间轴上，从而创建一个新的序列。执行"效果"→"颜色校正"→"色彩"命令，画面由彩色变为灰度	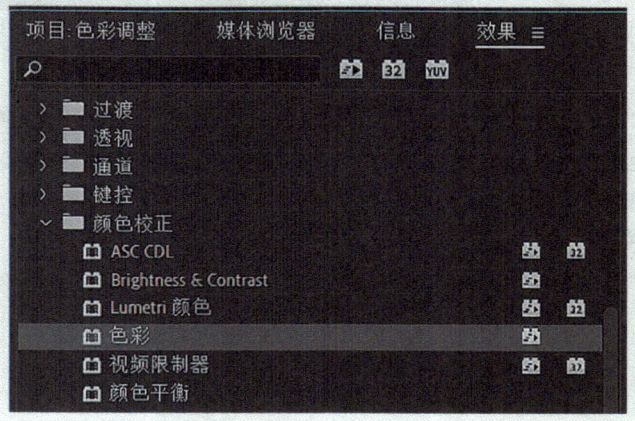

步骤	图示
2．打开"效果控件"面板，单击"色彩"→"着色量"选项前的关键帧按钮，素材每间隔5s设置一个关键帧，将其值设置为100%～0%，从而产生从灰度到彩色变换的动画效果	
3．导入一张图片素材，拖至时间轴上；执行"效果"→"过时"→"更改为颜色"命令，并将其拖至素材上	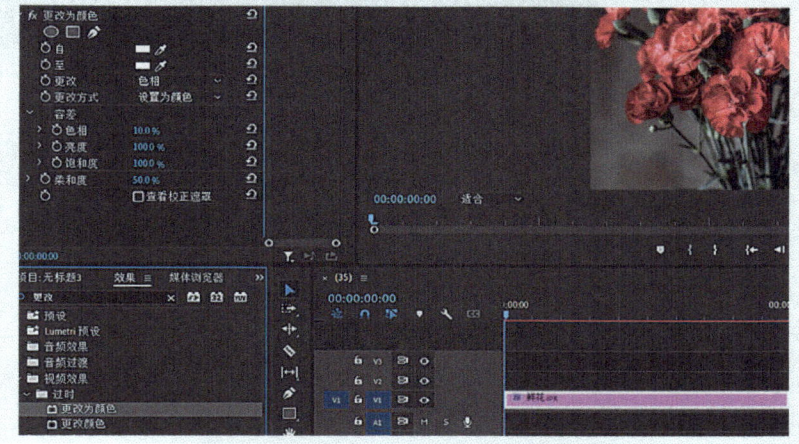
4．打开"效果控件"面板，单击"至"参数添加3个关键帧，根据换色情况调整"色相"的值	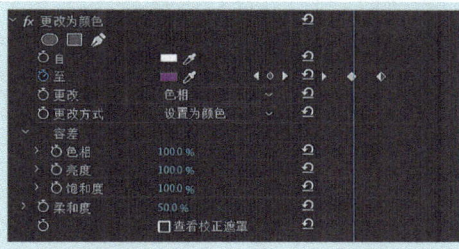
5．将视频素材拖至时间轴上，新建一个调整图层，并拖至时间轴上保持选中状态	

任务 6 色彩调整

步骤	图示
6. 添加"Lumetri 颜色"效果,设置基本校正参数、色轮和匹配参数,完成最终调色效果	

任务评价

1. 自我评价(在已掌握的项目前打√)

☐ 利用"色彩"调色
☐ 利用"更改颜色"调色
☐ 利用"Lumetri颜色"调色
☐ 设置"渐变色动画"

2. 教师评价

任务完成情况:　☐ 优　　☐ 良　　☐ 合格　　☐ 不合格

任务7　制作闪烁震动

	任务7　制作闪烁震动	班级：	姓名：
	学习领域：Premiere动画	地点：	日期：

任务目标

1. 熟悉Premiere中"变换"效果的组成
2. 学会新建调整图层并运用
3. 学会"颜色校正"→"Lumetri颜色"的使用
4. 学会根据音乐节奏设置时间标记
5. 学会关键帧动画的设置
6. 充分感受使用"调整图层"的方法，简化制作流程，提高工作效率

任务导入

在视频网站观看转场效果作品，并感受随着音乐重音鼓点画面闪烁的视觉冲击力。

任务准备

搜索并下载视频资源。

任务实施

步骤	图示
1. 启动Premiere，导入跳舞视频，拖至视频轨道V1。在音乐的重音鼓点处按<M>键打上标记	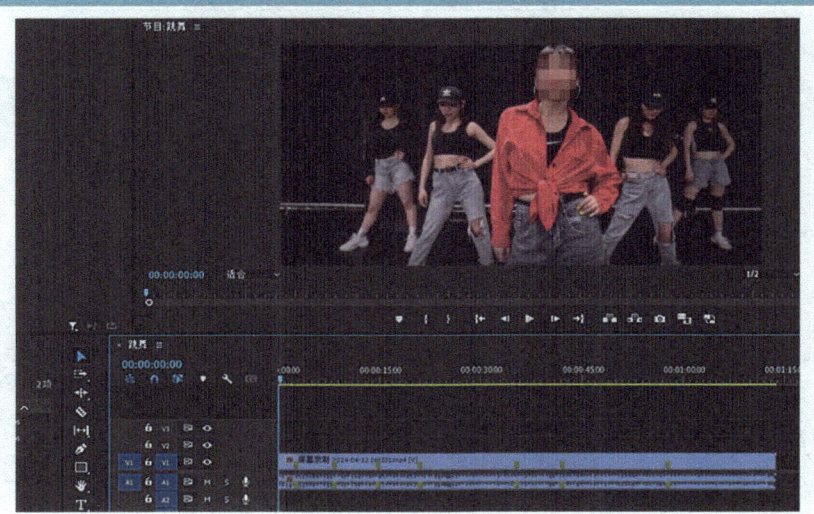

步骤	图示
2. 新建一个调整图层，然后拖至第1个标记点处	
3. 添加"变换"效果，打开"效果控件"面板，在调整图层第1帧的位置，对"缩放"添加关键帧，向后移动2帧参数设置为150，然后移动2帧把数值还原，把多余部分裁剪掉，设置"快门角度"为360	
4. 再添加一个调整图层，添加"Lumetri颜色"效果，打开"基本校正"选项，给"曝光度"和"对比度"添加关键帧，数值设为4和100，然后向右移动10帧把数值还原，剪掉多余的部分	

步骤	图示
5. 最后复制这2个调整图层到每个标记点，效果完成	

任务评价

1. 自我评价（在已掌握的项目前打√）
   - □ 设置"变换"效果
   - □ 添加标记
   - □ 利用关键帧制作动画效果
   - □ 设置"Lumetri颜色"效果
   - □ 建立调整图层
   - □ 巧用调整图层，避免重复劳动，提高操作效率

2. 教师评价

   任务完成情况：□ 优　　□ 良　　□ 合格　　□ 不合格

任务 7　制作闪烁震动

任务8　添加转场效果

任务8　添加转场效果	班级：	姓名：
学习领域：Premiere基础	地点：	日期：

任务目标

1. 掌握视频过渡转场设置的方法
2. 熟练掌握"效果"面板中"视频过渡"的基本操作
3. 学会快捷键<Ctrl+D>的使用

任务导入

观看短视频平台上发布的影视作品，感受转场效果的精妙绝伦。

任务准备

在Premiere中以预设和默认两种不同的方式，对两段素材进行转场，实现自然过渡和添加特效。

任务实施

步骤	图示
1. 启动Premiere，在"项目"面板中导入一个文件夹，它包含多张图片和音频文件	

步骤	图示
2. 选中全部图片拖至视频V1轨道，选中音频文件拖至音频A1轨道；移动时间线指针至图片末尾，按快捷键<Ctrl+K>分割音频并删除多余部分，使得音视频轨道长度对齐	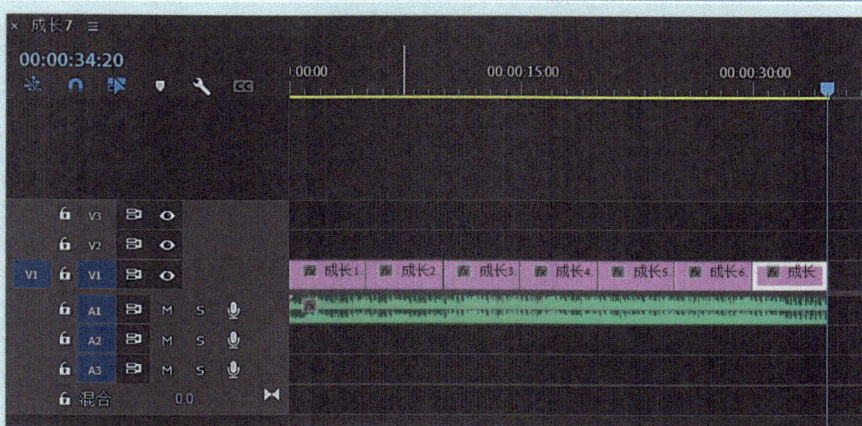
3. 执行"效果"→"视频过渡"→"溶解"→"黑场过渡"命令并将其拖至第一张图片的开头和最后一张图片的末尾，形成淡入淡出的效果	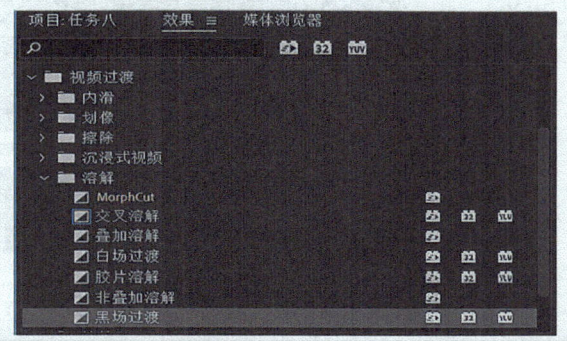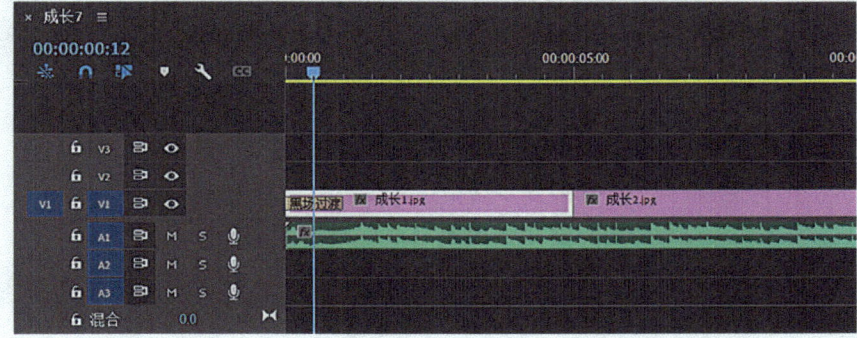
4. 相邻两个素材之间可添加各种预设的"视频过渡"效果，如"视频过渡"→"沉浸式视频"效果下的VR光圈擦除、VR漏光等	

任务 8 添加转场效果

步骤	图示
5. 打开"效果控件"面板可对其参数进行调整；也可根据自己喜好设置某一效果为默认过渡效果；按快捷键<Ctrl+D>可批量设置转场效果	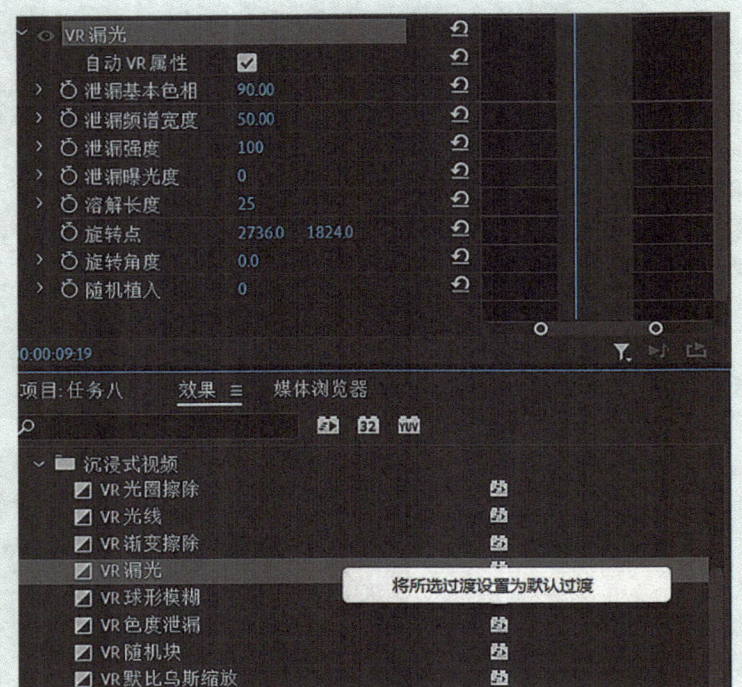

任务评价

1. 自我评价（在已掌握的项目前打√）

☐ 导入文件夹操作
☐ V、A轨道对象的排列和对齐
☐ 视频过渡效果的分类和组成
☐ 在"效果控件"面板对转场效果进行调整
☐ 设置默认过渡效果，使用快捷键<Ctrl+D>进行批量设置

2. 教师评价

任务完成情况：☐ 优　　☐ 良　　☐ 合格　　☐ 不合格

任务9　添加分屏效果

	任务9　添加分屏效果	班级：	姓名：
	学习领域：分屏制作	地点：	日期：

任务目标

1. 掌握Premiere中常见的"线性擦除"命令的用法
2. 学会屏幕分割，提高画面的使用率，给作品增色
3. 提升视频制作与创新能力

任务导入

观看分屏动画作品，感受分屏效果的视觉美。

任务准备

准备3段用于线分屏切割的视频素材。

任务实施

步骤	图示
1. 启动Premiere软件，导入3段视频素材，将素材重叠对齐叠放在一起	

步骤	图示
2．单击V1和V2轨道的"眼睛"图标，将视频素材隐藏；选中V3轨道素材，添加"线性擦除"效果，参数设置如下： 过渡完成：35% 擦除角度：–110°	
3．打开V2轨道的"眼睛"，添加2个"线性擦除"效果，调整左右侧边缘 左侧参数设置如下： 过渡完成：40% 擦除角度：70° 右侧参数设置如下： 过渡完成：30% 擦除角度：–110°	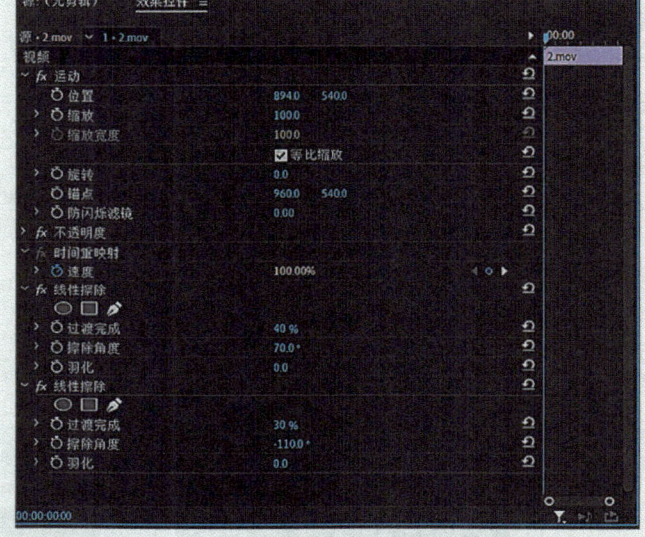
4．调整V2轨道素材位置	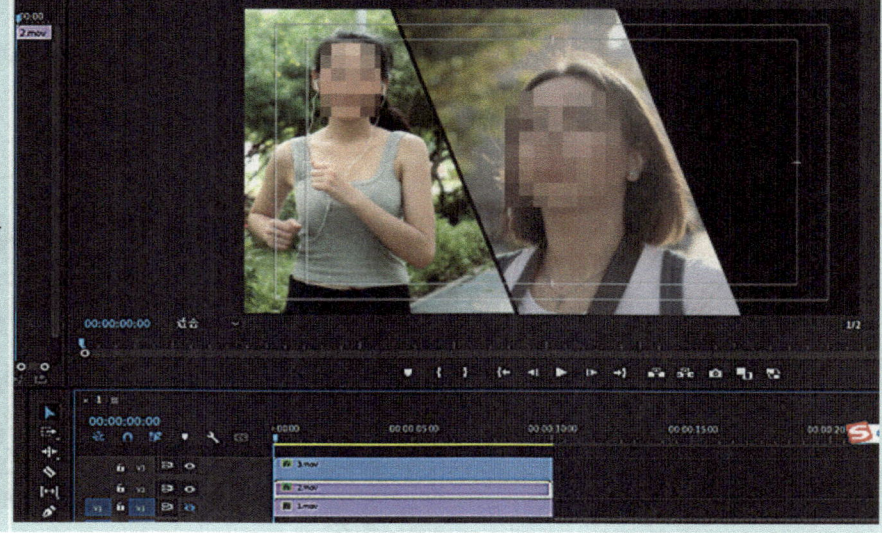

步骤	图示

5. 打开V1轨道小眼睛，添加"线性擦除"效果，参数设置如下：
过渡完成：40%
擦除角度：70°

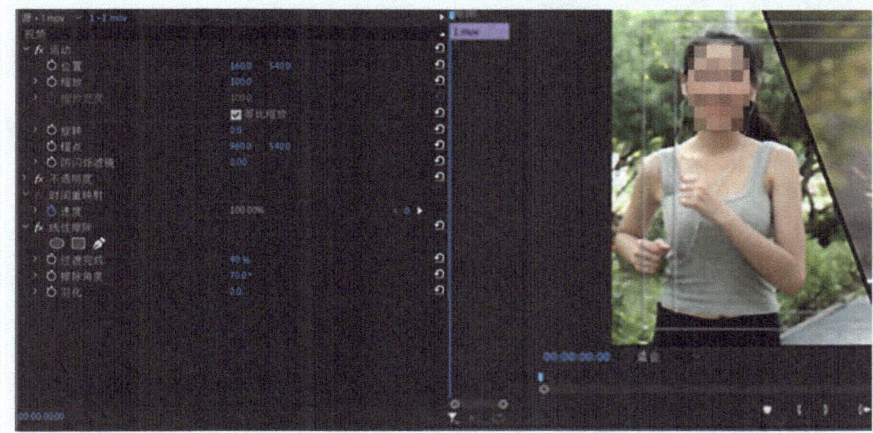

6. 还可以添加一个白色颜色遮罩，给分屏效果添加一个边框

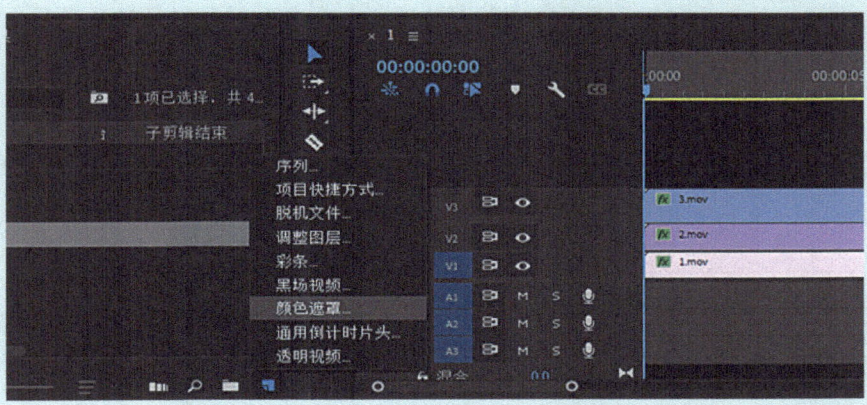

7. 白框效果如图所示。最后，打开"效果控件"面板，分别给3个轨道"位置"参数添加2个关键帧，间隔1s，使得V3素材"自下而上"运动，V2素材"自上而下"运动，V3素材"从右到左"同时进场

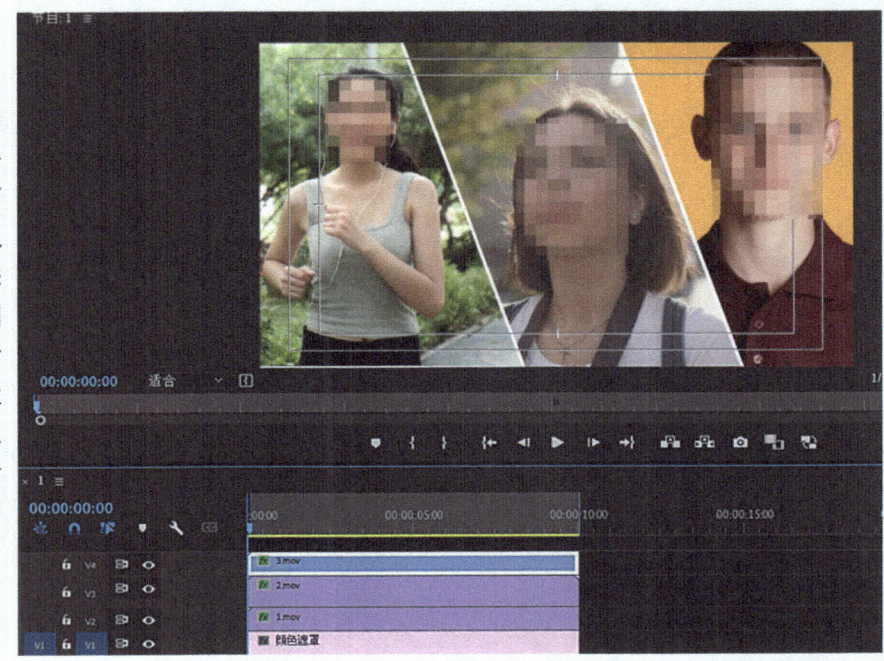

任务评价

1. 自我评价（在已掌握的项目前打√）
   □ 新建"颜色遮罩"并上色
   □ "线性擦除"效果的用法
   □ 在"效果控件"面板设置"位置"参数
   □ 分屏后设置画面自上而下、自下而上、从右到左的运动

2. 教师评价
   任务完成情况：□ 优　　□ 良　　□ 合格　　□ 不合格

任务10 颜色键操作

	任务10 颜色键操作	班级：	姓名：
	学习领域：抠像制作	地点：	日期：

任务目标

1. 学会Premiere中使用"颜色键"进行抠像
2. 掌握使用"颜色键"处理被抠取对象的边缘，从而制作转场融合效果
3. 学会设置"镜头扭曲"效果以制作镜头拉伸
4. 使用"色阶"效果调整素材颜色

任务导入

观看视频网站上的作品，分析其抠像或转场效果的制作手法。

任务准备

选用颜色背景较为统一的图片或视频素材。

任务实施

步骤	图示
1. 在Premiere中导入两段视频素材，将01素材拖至V1轨道	

步骤	图示
2. 选中V1轨道，添加"扭曲"→"镜头扭曲"效果；打开"效果控件"面板，对"曲率"选项添加2个关键帧，分别为−60和0，完成镜头拉伸效果	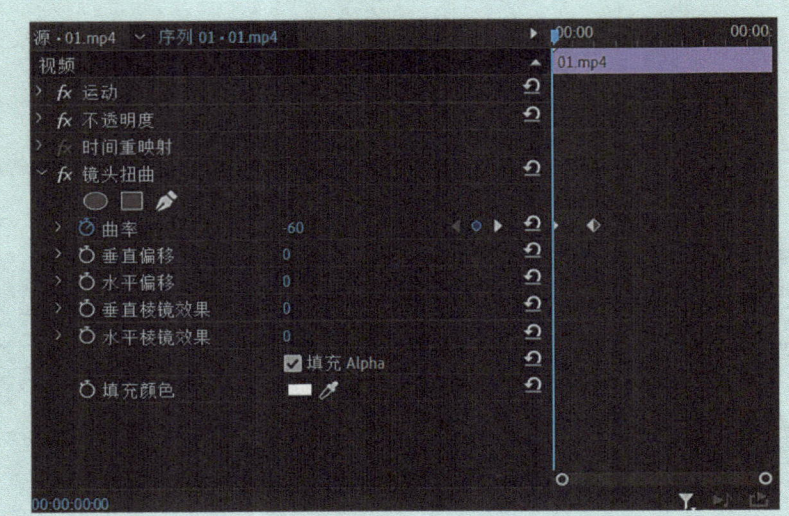
3. 时间线定位到02s，将02素材拖至V2轨道上，打开"效果控件"面板，展开"不透明度"选项，将"混合模式"设置为叠加，添加3个关键帧，参数分别为0%、80%和100%	
4. 在V2轨道上添加"色阶"效果；设置"效果控件"面板，参数如下：RGB输入黑色阶：40；RGB输入白色阶：221	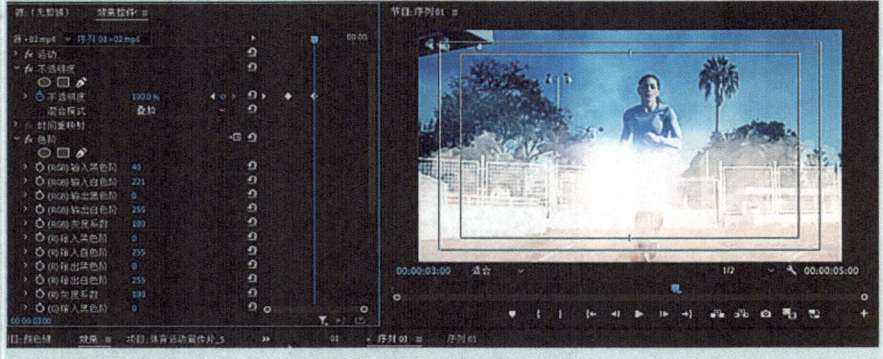

步骤	图示
5. 选中V2轨道，添加"颜色键"效果；打开"效果控件"面板，用"主要颜色"项后的吸管单击白云部分，调整参数"颜色容差"为10左右	

任务评价

1. 自我评价（在已掌握的项目前打√）

☐ 确定"颜色键"在"效果"面板中的定位
☐ 使用"颜色键"→"主要颜色"进行抠像
☐ 素材重叠区域应用"颜色键"处理融合效果

2. 教师评价

任务完成情况：☐ 优   ☐ 良   ☐ 合格   ☐ 不合格

任务 10 颜色键操作

After Effects 篇

- 任务1　添加文字动画　　// 124
- 任务2　添加图形动画　　// 130
- 任务3　添加图片动画　　// 136
- 任务4　制作立体文字　　// 140
- 任务5　制作立体图形　　// 147
- 任务6　制作立体图片　　// 151
- 任务7　After Effects表达式应用　// 156
- 任务8　跟踪运动　// 160
- 任务9　Saber插件应用　// 165
- 任务10　LoopFlow插件应用　// 170

任务1　添加文字动画

	任务1　添加文字动画	班级：	姓名：
	学习领域：After Effects基础	地点：	日期：

任务目标

1. 熟悉After Effects 2024的工作界面
2. 掌握"合成"的新建及设置方法
3. 会使用"文字工具""文本动画"
4. 会设置文本"动画制作工具"
5. 设置"CC Light Sweep"效果
6. 渲染输出视频

任务导入

在视频网站观看After Effects文字动画作品，感受文字动画创作之美。

任务准备

完成After Effects 2024安装及操作环境设置。

任务实施

步骤	图示
1. After Effects 2024启动成功，出现如图所示画面，主界面可划分为五大功能版块	

步骤	图示		
2. 五大功能版块分区分别是:项目及效果控件区、预览区、功能面板区、图层区和时间轴区	项目及效果控件	预览	功能面板
	图层	时间轴	

3. 单击"新建合成"按钮,打开"合成设置"对话框,可设置合成的分辨率、帧速率和持续时间等。此处设置时长为10s

注:时间计量单位:

hh:mm:ss:ff
(时:分:秒:帧)

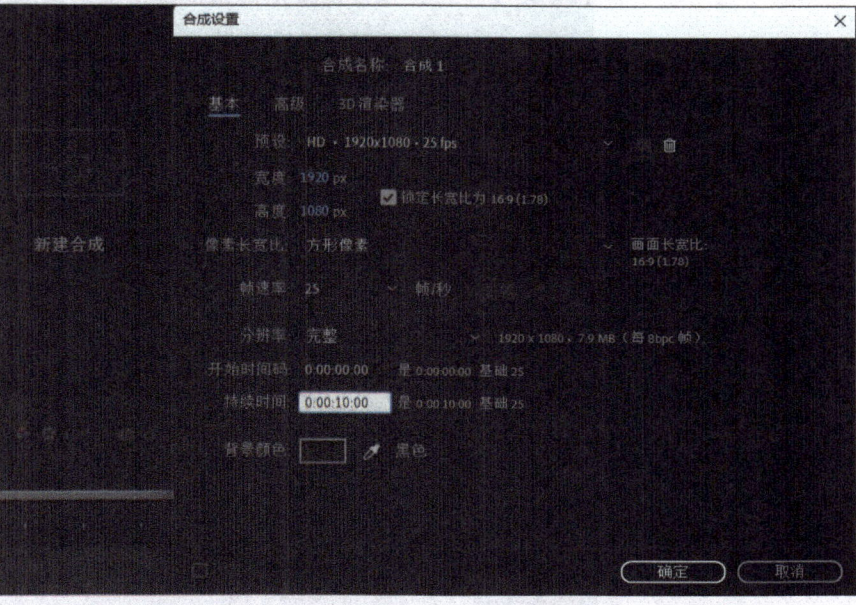

4. 使用"文字工具"输入一行文本,在右侧的"字符"面板设置字体、字号及颜色

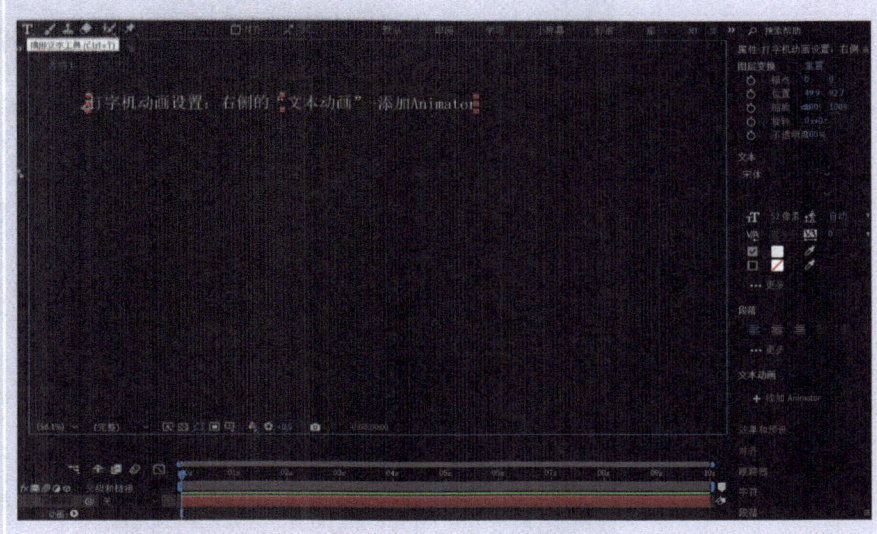

步骤	图示
5．单击右侧"文本动画"面板中的"添加Animator"→"不透明度"	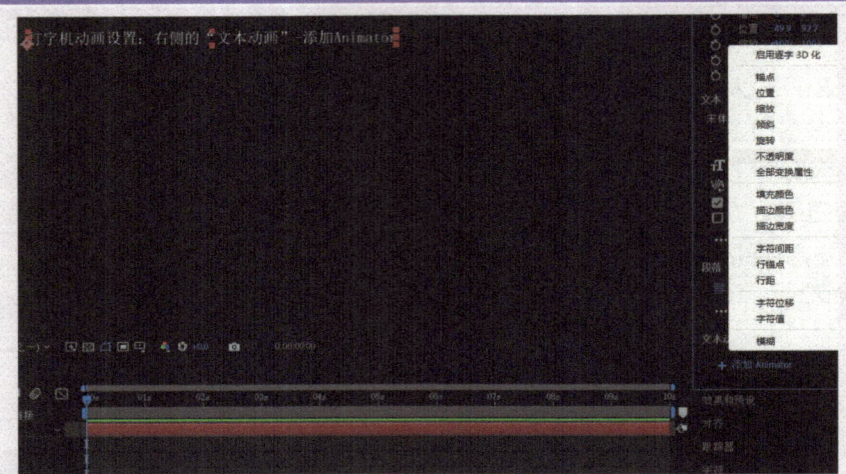
6．展开"图层"面板，将"不透明度"项的值设置为0，展开"动画制作工具1"→"范围选择器1"，在"起始"项的0～3s位置各添加一个关键帧，设置其值为0～100，完成文字的打字机动画设置	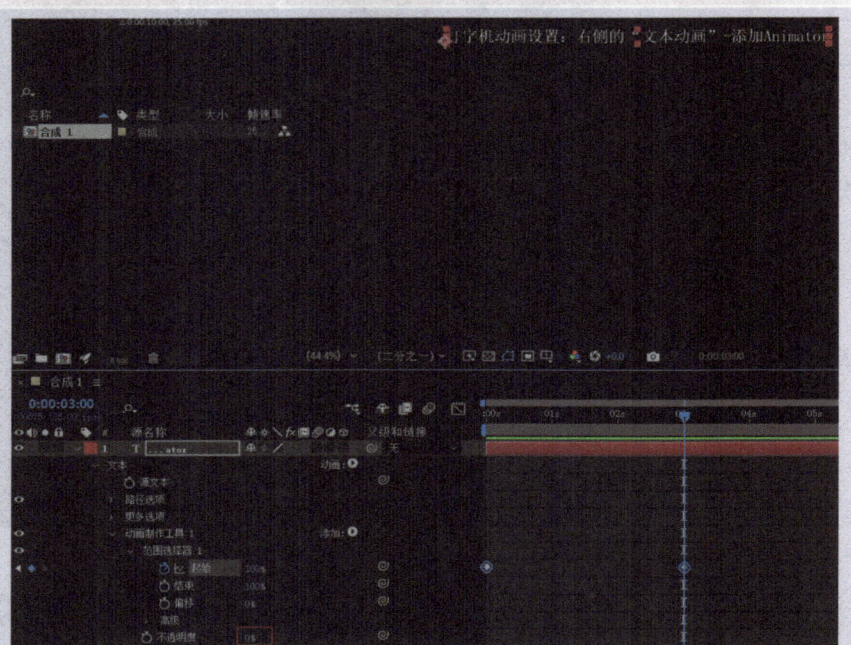
7．继续输入一行文本，单击右侧"文本动画"面板中的"添加Animator"→"位置"	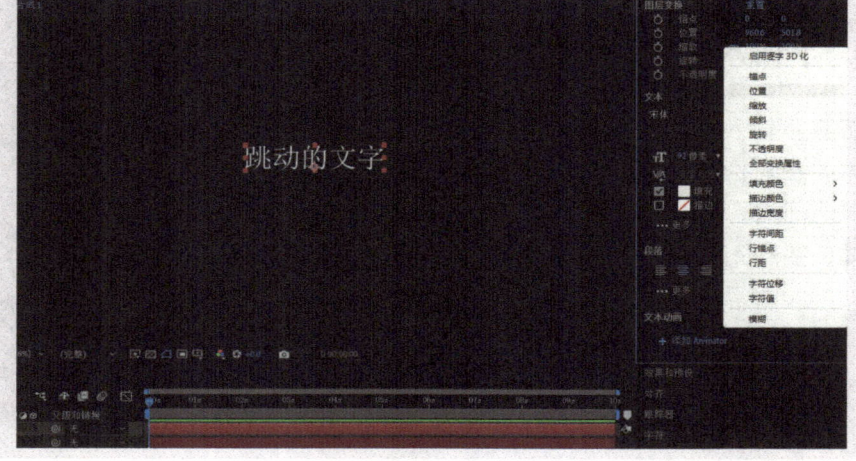

步骤	图示
8. 展开"图层"面板，将"不透明度"项的值设置为0；展开"动画制作工具1"，单击"添加"→"属性"→"旋转"	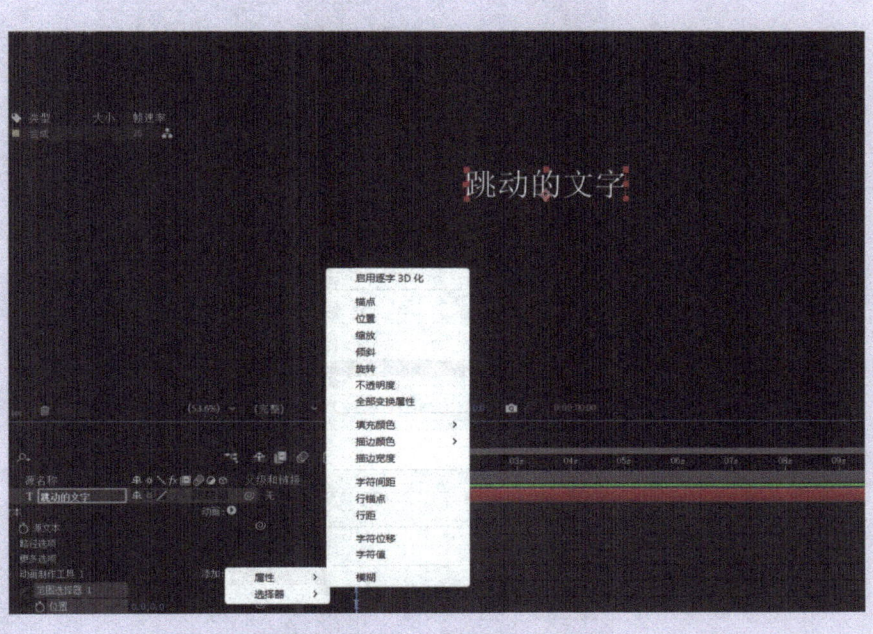
9. 继续展开"动画制作工具1"，单击"添加"→"选择器"→"摆动"	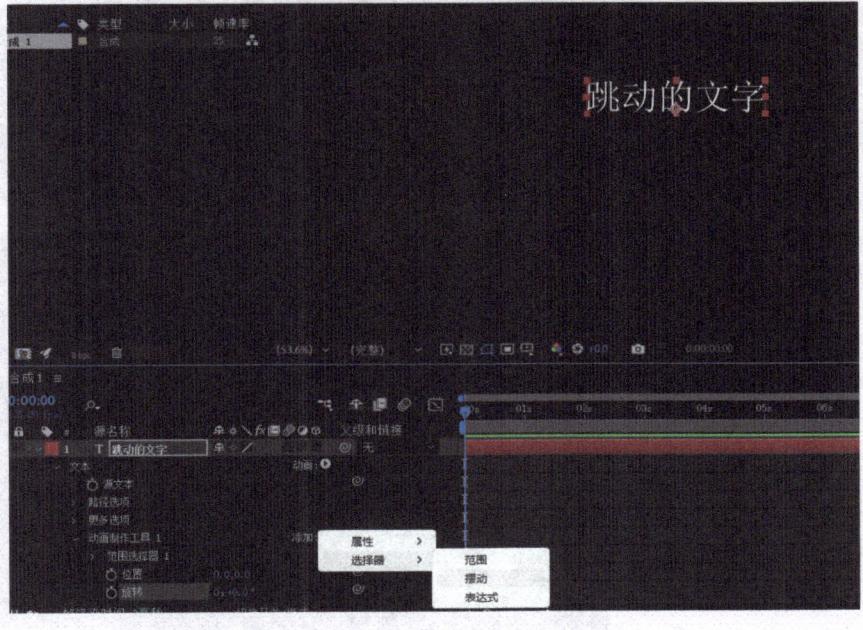

步骤	图示
10. 调整"位置"→"旋转"项的值。展开"摆动选择器1",设置"摇摆/秒""关联"项的值分别为3和0左右,完成文字的跳动动画设置	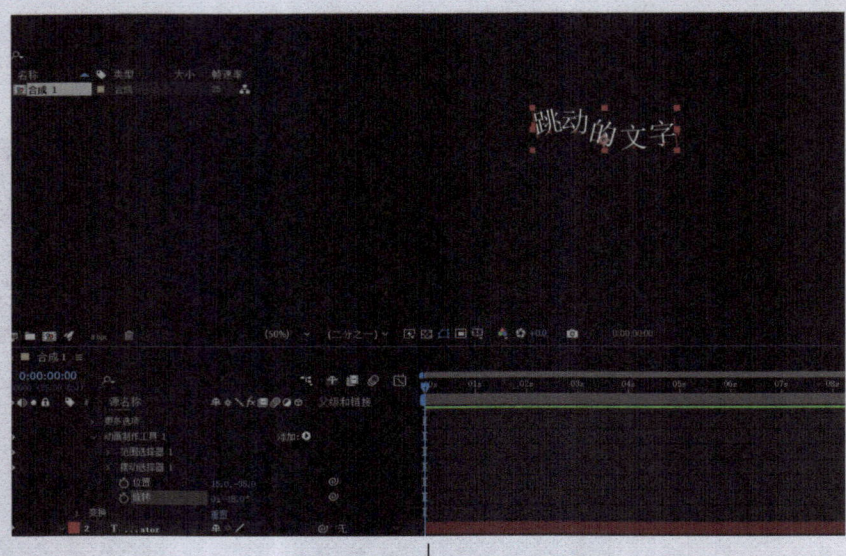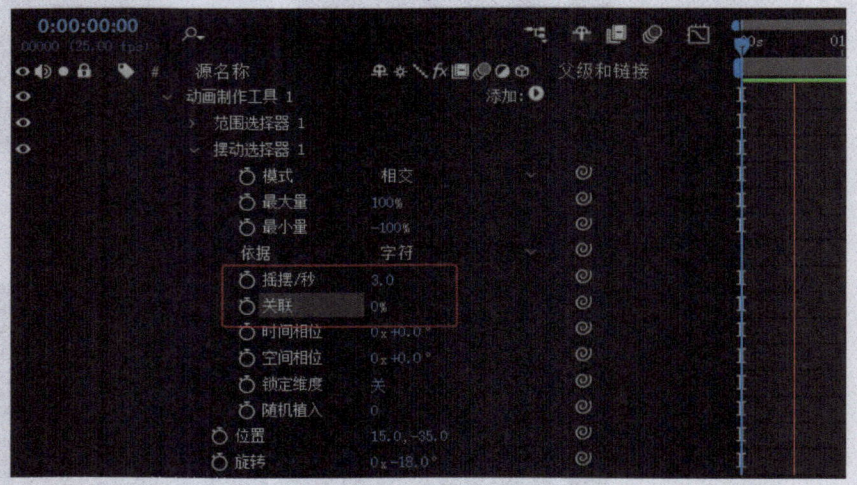
11. 继续输入一行文本,并设置好字体的属性;选中右侧"效果和预设"面板中的"CC Light Sweep",将其拖拽至红色文字之上	

步骤	图示
12. 展开左侧"效果控件"面板中的"CC Light Sweep"效果	
13. 间隔5s左右，在"Center"项添加两个关键帧，调整其数值，完成光线掠过动画设置	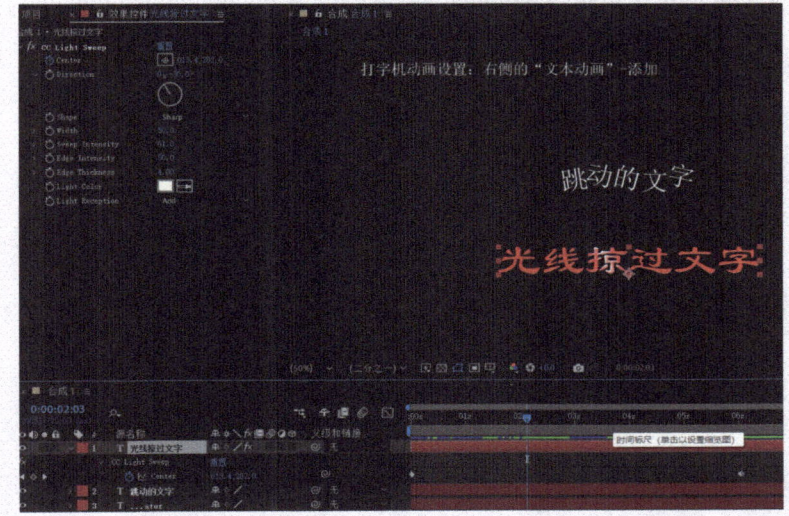

任务评价

1. 自我评价（在已掌握的项目前打√）

- ☐ After Effects软件安装及操作环境设置
- ☐ 添加关键帧
- ☐ 跳动原理（位置→旋转、摆动选择器）
- ☐ CC Light Sweep效果
- ☐ 文字工具及字符面板
- ☐ 打字机原理（不透明度→范围选择器）
- ☐ 摆动选择器参数调整
- ☐ 扫光原理（Center位置）

2. 教师评价

任务完成情况：☐ 优　　☐ 良　　☐ 合格　　☐ 不合格

任务2　添加图形动画

	任务2　添加图形动画	班级：	姓名：
	学习领域：After Effects基础	地点：	日期：

任务目标

1. 学会图形绘制
2. 掌握图形的布尔运算
3. 掌握中继器的使用
4. 掌握钢笔工具及修剪路径的使用

任务导入

在视频网站观看After Effects作品，分析After Effects图形动画作品。

任务准备

预习矢量绘图的基础知识。

任务实施

步骤	图示
1. 启动After Effects,新建一个合成；在工具栏使用椭圆工具并按住<Shift>键，绘制一个正圆	

步骤	图示
2. 继续选用矩形工具绘制一个矩形，矩形的左边对齐圆心	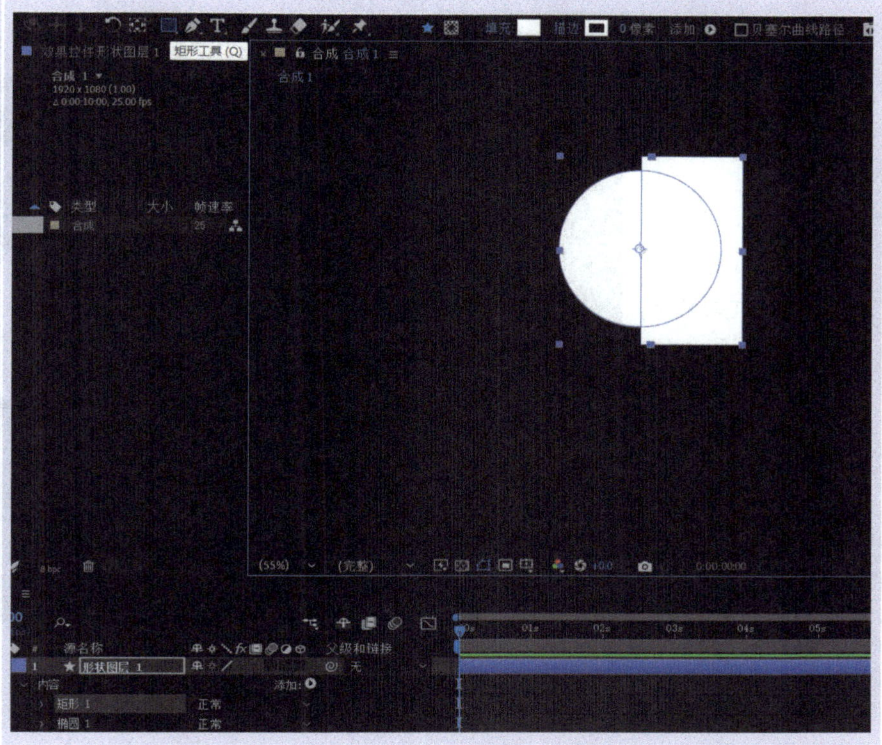
3. 在图层面板的"内容"项单击"添加"→"合并路径"；展开"合并路径"项，将"模式"设置为"相交"，得到一个半圆	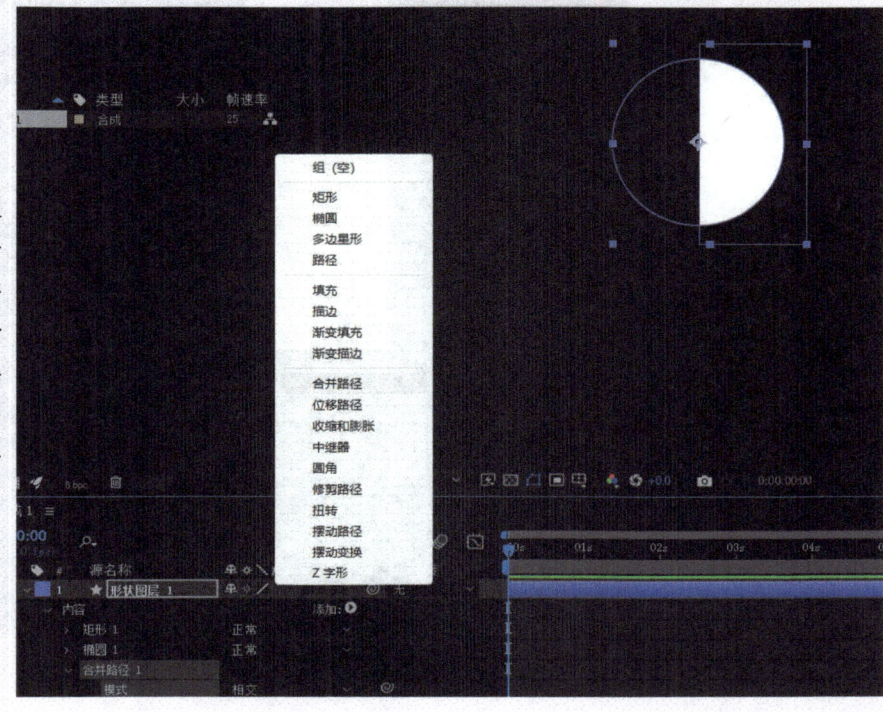

任务 2　添加图形动画

步骤	图示
4. 使用工具栏的锚点工具,将中心点移至半圆的下方	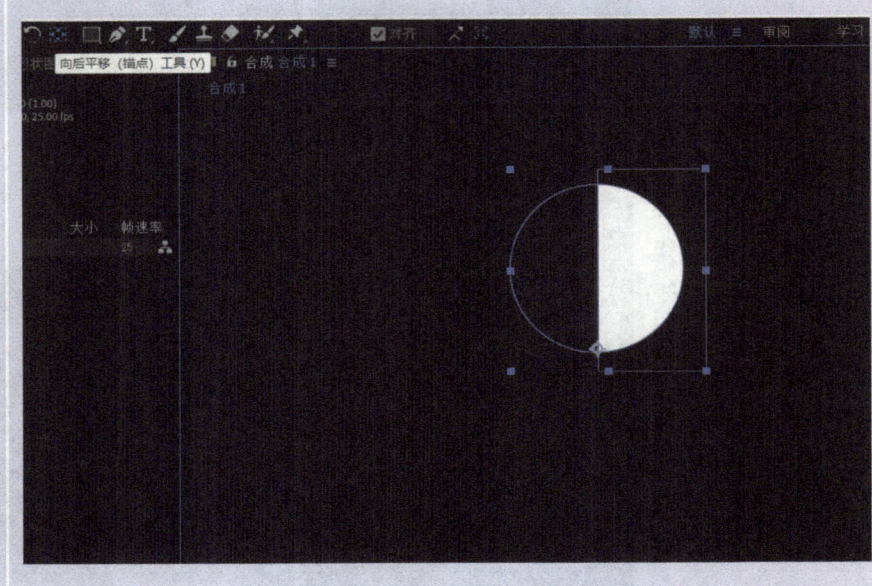
5. 在图层面板的"内容"项单击"添加"→"中继器"	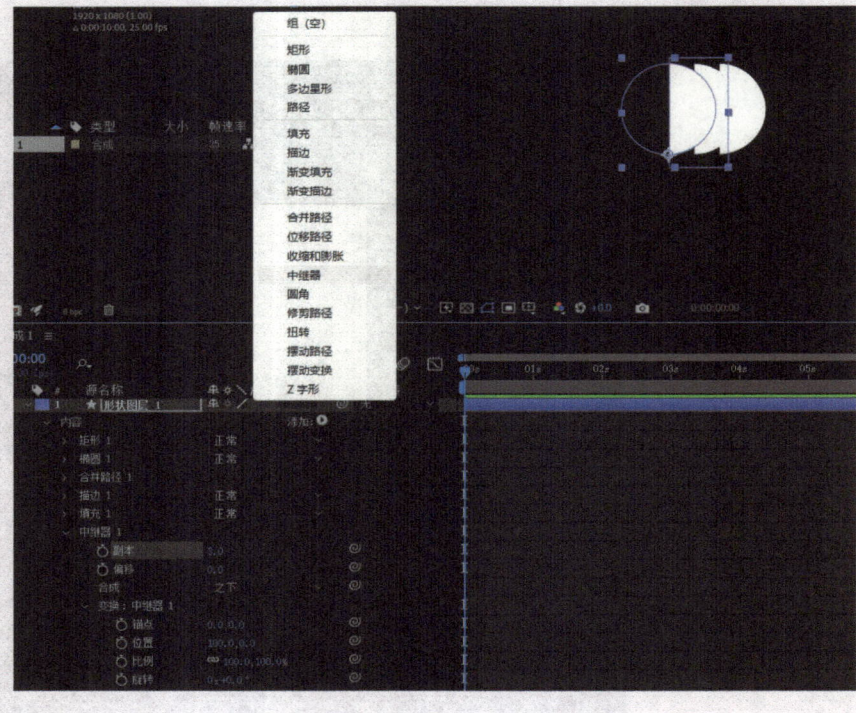

步骤	图示
6. 展开"中继器1"项，将"副本"项设置为4，并设定"变换"项中锚点、位置和旋转参数的值	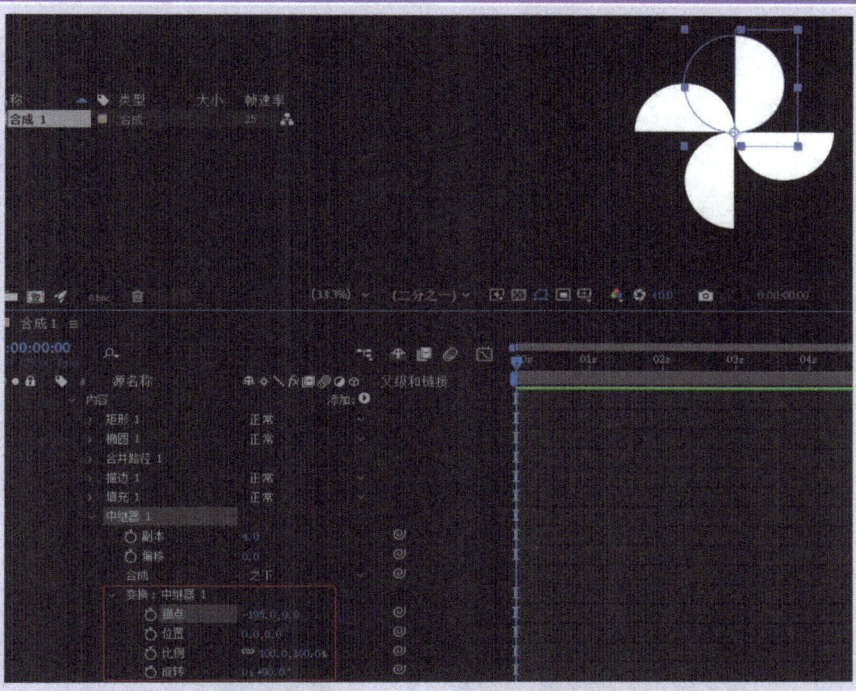
7. 展开"变换"项，在"旋转"的首尾处添加两个关键帧，末端关键帧的值设定为1（圈），完成风车旋转动画制作	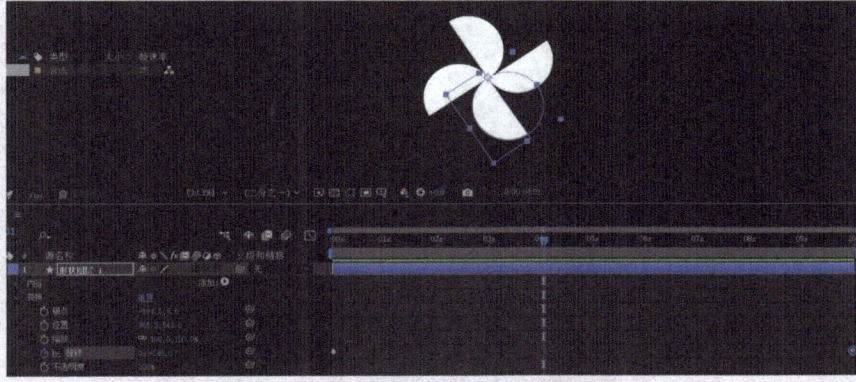
8. 在After Effects中使用钢笔工具绘制如图所示的开放形状	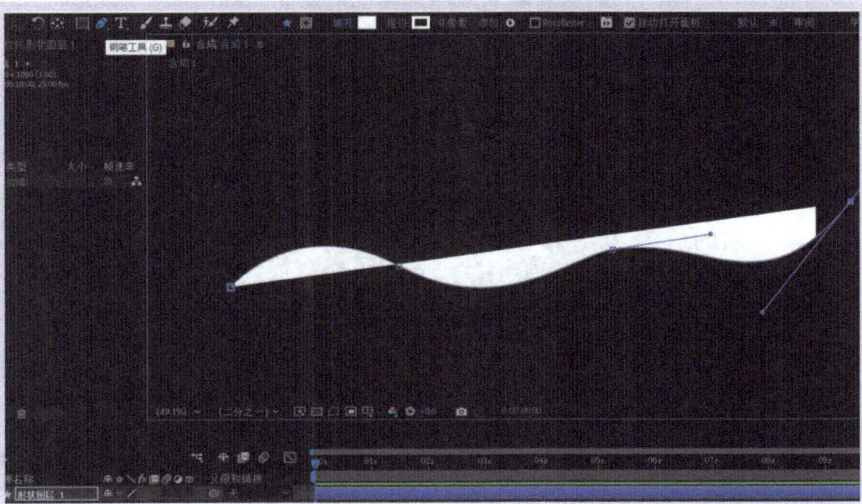

步骤	图示
9. 在工具栏将"填充"项设为"无","描边"项设为15 px	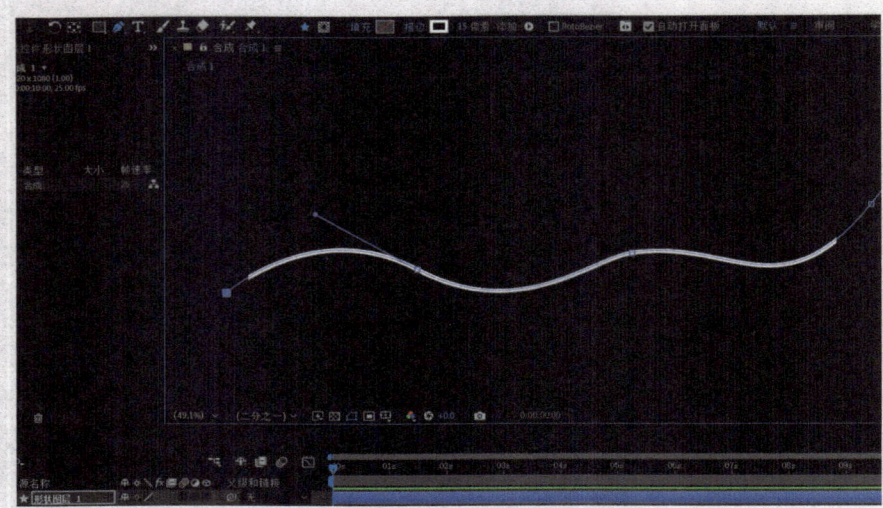
10. 展开"图层"面板,单击"添加"→"修剪路径"	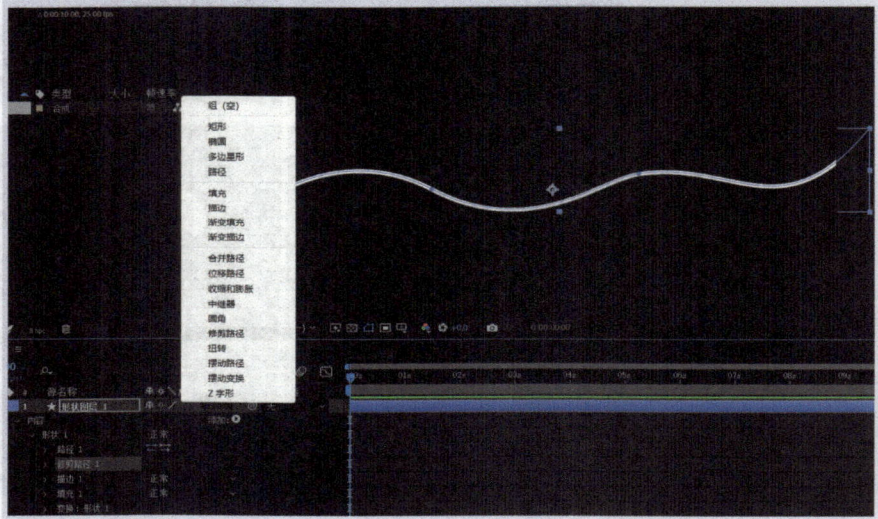
11. 展开"修剪路径 1",设置"结束"项的值为10;在"偏移"项的首尾添加两个关键帧,设置线段自左至右地飘移	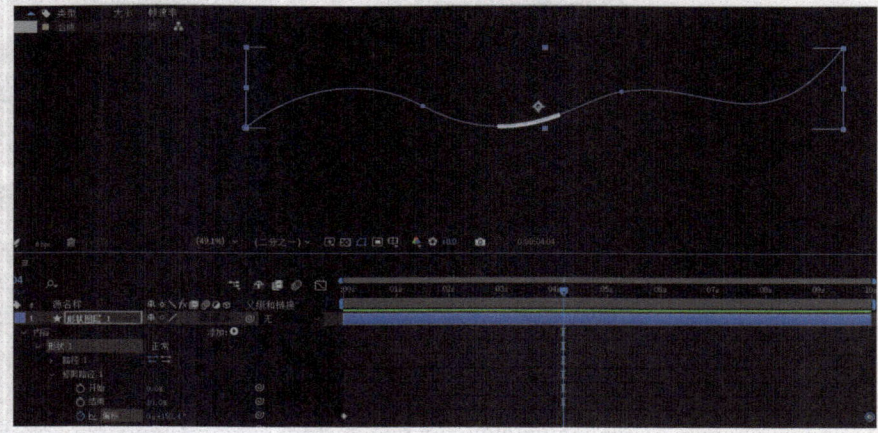

步骤	图示
12. 展开"描边1",调整"锥度"项起始长度和结束长度的值,完成柔性线段的飘移动画制作	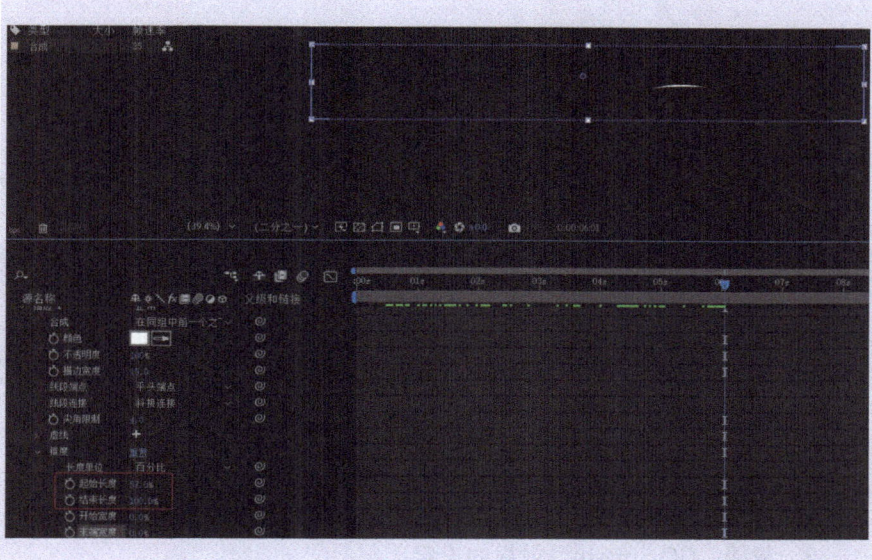

任务评价

1. 自我评价(在已掌握的项目前打√)

- □ 绘制矩形、椭圆
- □ 使用中继器生成风车
- □ 钢笔绘制路径
- □ 制作修剪路径动画

- □ 合并路径→相交
- □ 设置风车旋转动画
- □ 填充、描边操作
- □ 调整线段锥度

2. 教师评价

任务完成情况: □ 优　　□ 良　　□ 合格　　□ 不合格

任务3 添加图片动画

任务3 添加图片动画	班级:	姓名:
学习领域：After Effects基础	地点:	日期:

任务目标
1. 学会合成背景颜色设置及对象的对齐方法
2. 掌握"线性擦除"效果的设置
3. 掌握"CC Sphere"效果的设置
4. 会用快捷键<Ctrl+D>进行效果和图层的复制，提高操作效率

任务导入
分析After Effects卷轴动画的制作原理，理解运动合成的方法。

任务准备
准备在After Effects中制作卷轴和球体的图片素材。

任务实施

步骤	图示
1. 在After Effects中新建合成，设置背景颜色为浅黄，时长为10s	

步骤	图示
2. 在项目面板导入一张图片并将其拖拽至时间轴，利用边界控制点调整其尺寸大小，利用右侧的"对齐"面板将其对齐画布	
3. 在图片上添加"线性擦除"效果，展开左侧的效果控件和下方的图层面板；准备对"过渡完成"项添加关键帧	
4. 按<U>键展开图层的关键帧属性，对图片的左半幅分三段制作擦除动画，即"擦除"→"停止"→"展开"；在效果控件面板，选中"线性擦除"效果，按快捷键<Ctrl+D>进行复制，调整"擦除角度"项的值为-90，完成右半幅图片的"擦除"→"停止"→"展开"动画	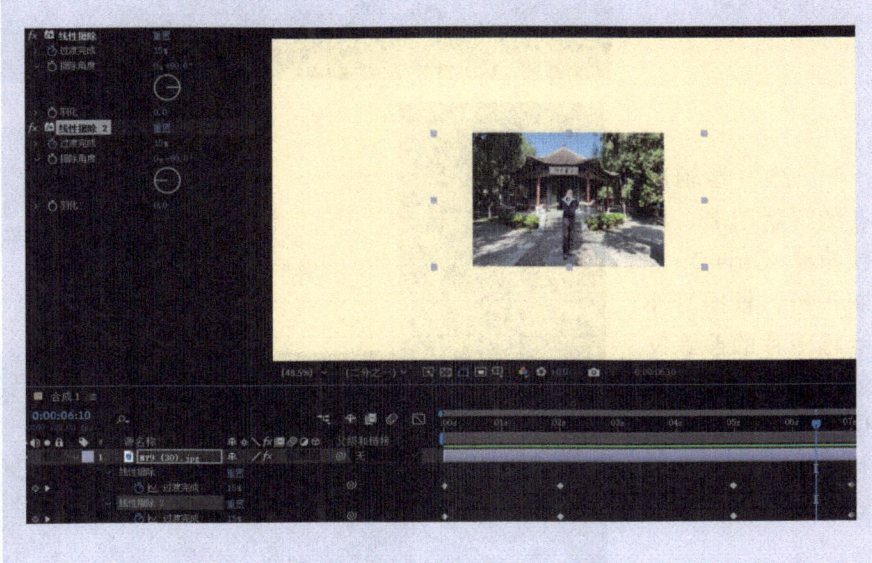

任务 3 添加图片动画

步骤	图示
5．选中图层，右击并在弹出的菜单中单击"图层样式"→"描边"，在图层面板设置好描边的颜色、大小和位置，给图片添加白色边框	
6．单击"矩形工具"在同一个图层绘制两个矩形，形成卷轴；按\<P\>键展开"位置"属性，对应半幅图片的擦除位置制作三段运动动画，使其产生同步运动	
7．选中卷轴所在的形状图层，按快捷键\<Ctrl+D\>复制一份，根据另外半幅图片的擦除位置调整卷轴所在的位置，从而完成图片左右对开的卷轴动画	

步骤	图示
8. 继续在项目面板导入一张图片,基于该图片新建一个合成;对图片添加"网格"效果,在效果控件面板调整"网格"项的尺寸、颜色和混合模式	
9. 添加"CC Sphere"效果,调整Radius(半径)值的大小以及Shading项的参数,从而使球体的立体感更强	
10. 展开"Rotation-Rotation Y"项,在图片球体的首尾添加两个关键帧,设置其值为0~1,完成球体环绕Y轴的动画制作	

任务3 添加图片动画

任务评价

1. 自我评价(在已掌握的项目前打√)

- □ "对齐"面板
- □ 调整"过渡完成"项添加动画
- □ 绘制卷轴
- □ 设置"CC Sphere"效果
- □ 设置"线性擦除"效果
- □ 调整"擦除角度"项添加动画
- □ 用<Ctrl+D>复制效果及图层
- □ 设置球体绕Y轴动画

2. 教师评价

任务完成情况: □优 □良 □合格 □不合格

任务4　制作立体文字

任务4　制作立体文字	班级：	姓名：
学习领域：After Effects进阶	地点：	日期：

任务目标

1. 3D渲染器设置
2. 设置三维文字
3. 掌握三维图层的灯光设置
4. 掌握三维图层的摄像机动画设置

任务导入

在视频网站观看After Effects三维动画特效作品，学习制作原理及方法。

任务准备

理解After Effects的三维坐标系，提高空间想象力。

任务实施

步骤	图示
1. 在After Effects中新建一个合成，单击"3D渲染器"标签，设置"渲染器"项为"Cinema 4D"	

步骤	图示
2. 使用文字工具输入一行文本，单击"3d图层"按钮，图层中出现三维坐标系：X轴水平向右，Y轴垂直向上，Z轴垂直向外；展开"几何选项"，设置"凸出深度"的值为40左右	
3. 展开文字图层，单击"动画"→"边线"→"颜色"→"RGB"，给文字凸出部分上色	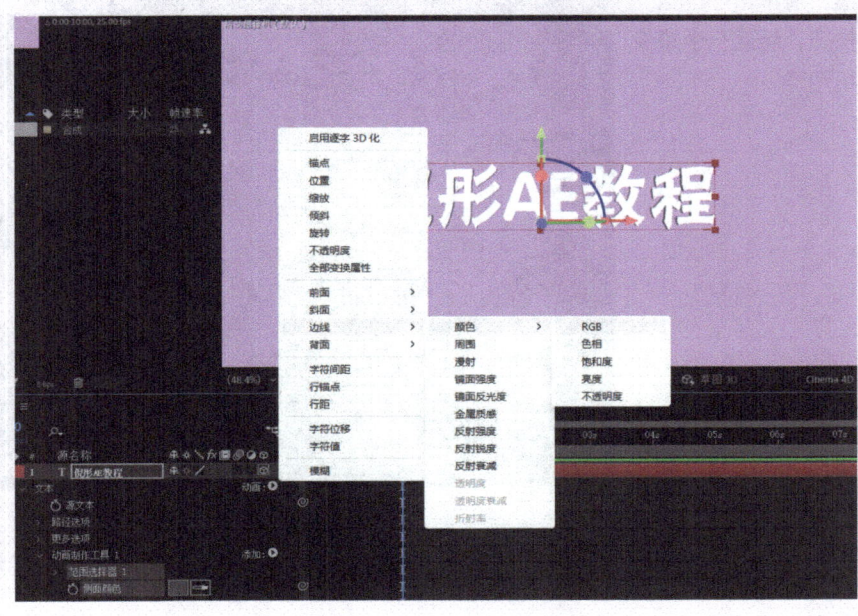

步骤	图示
4. 在图层面板的空白区右击，在弹出的菜单中单击"新建"→"摄像机"，打开"摄像机设置"对话框；保持默认值，再单击"确定"按钮，新建一个摄像机图层	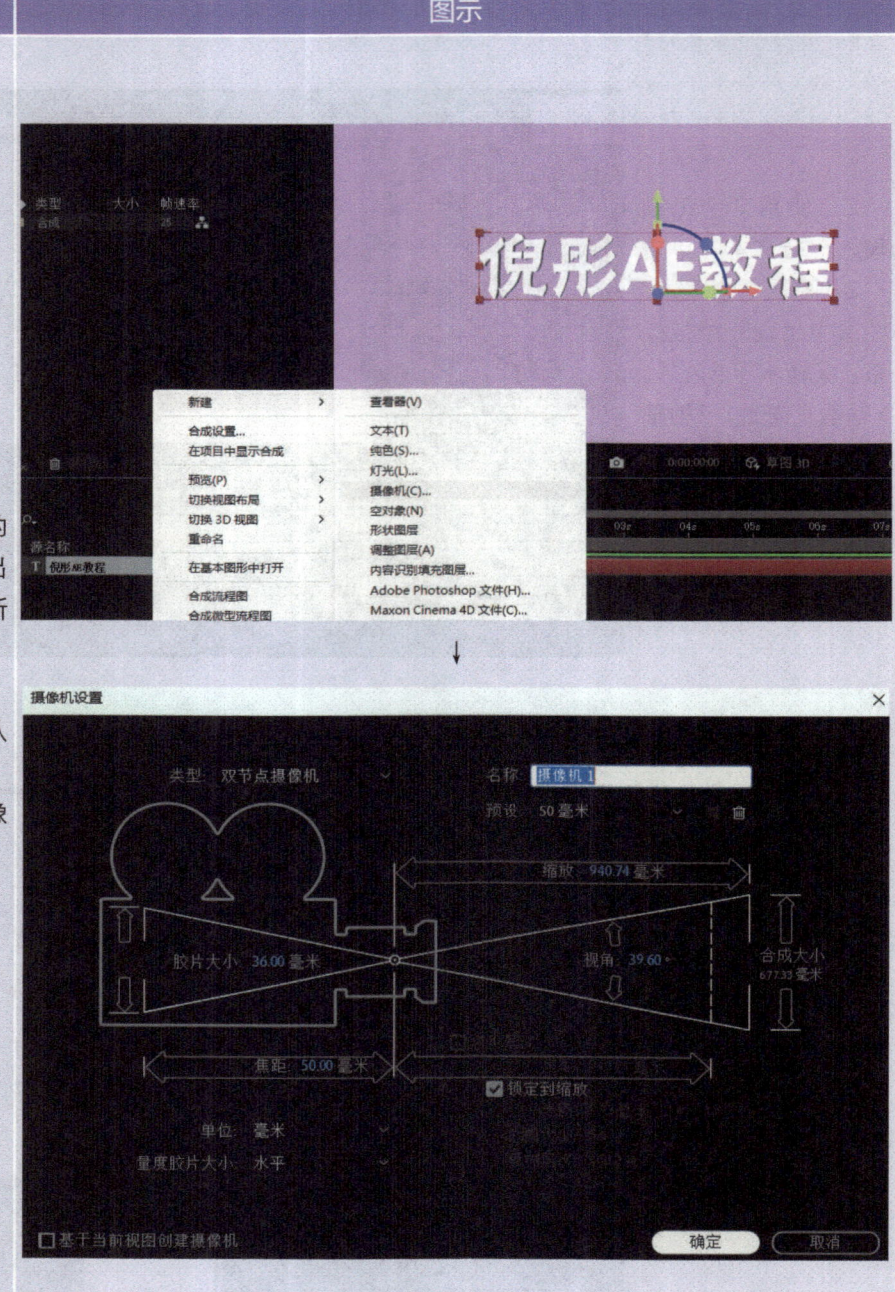

步骤	图示
5. 展开摄像机图层面板,再展开"变换"项;使用工具栏上的"绕光标旋转工具",在目标点、位置两项的首尾处各添加一个关键帧,形成立体文字的绕轴动画效果	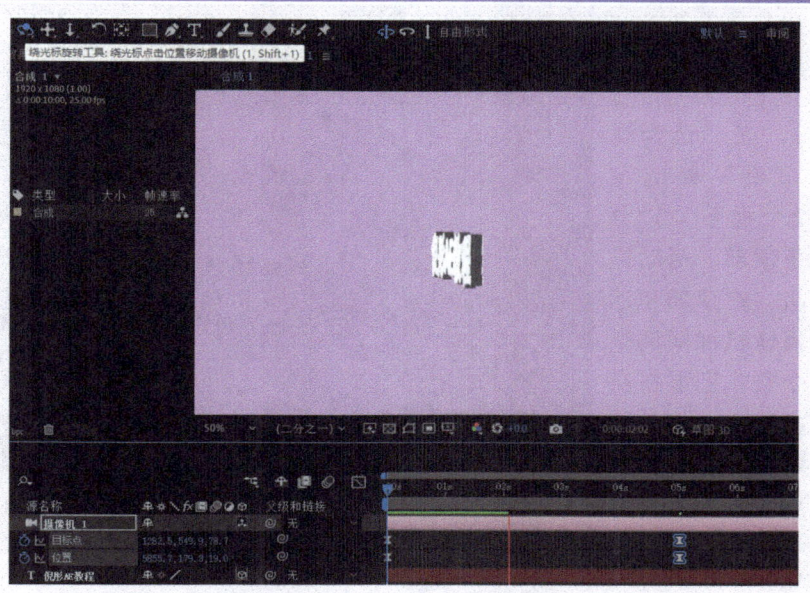
6. 在图层面板的空白区右击,在弹出的菜单中单击"新建"→"灯光",打开"灯光设置"对话框;调整灯光类型为:点,颜色为:橙黄,强度为:150左右,再单击"确定"按钮,新建一个灯光图层,完成制作	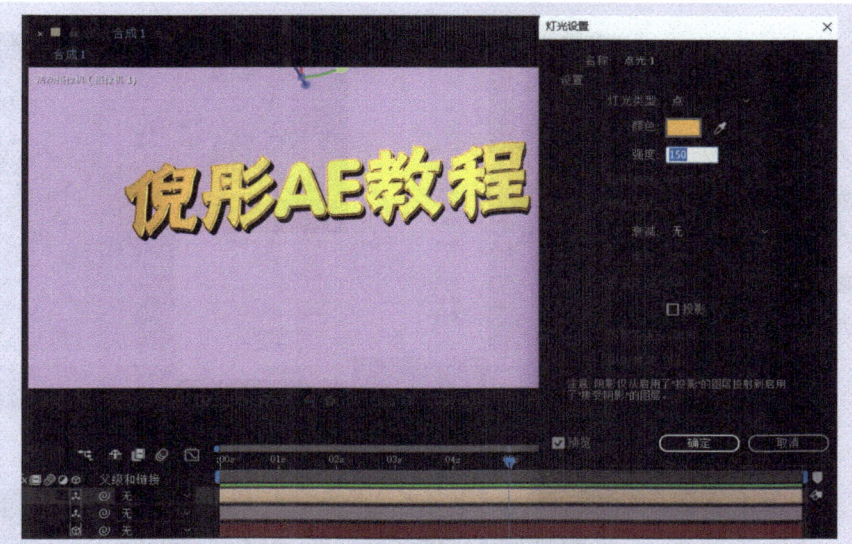
7. 另类3D文字动画:使用文字工具输入一行文本,设置成3D图层,按快捷键<Ctrl+D>复制两个文本图层;在图层面板打开"运动模糊"总开关及各个图层"运动模糊"的分开关	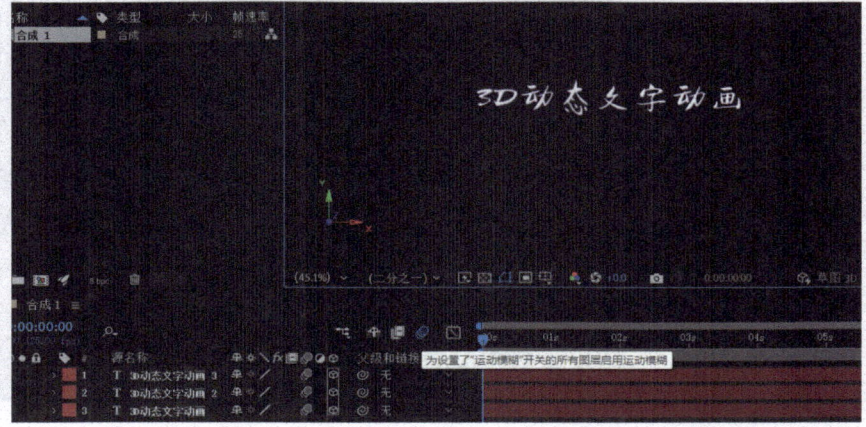

任务 4 制作立体文字

步骤	图示
8. 在"选择视图布局"处选定"2个视图",分别是顶部、活动摄像机;在顶部和活动摄像机视图调整三个文本图层在空间的位置,使其错位排列	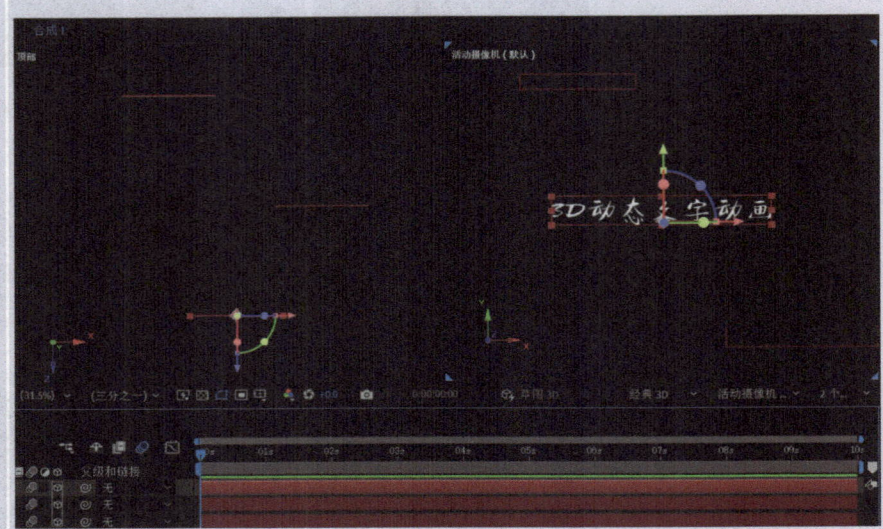
9. 新建一个摄像机图层,右击摄像机图层,在弹出的菜单中单击"摄像机"→"创建空轨道"	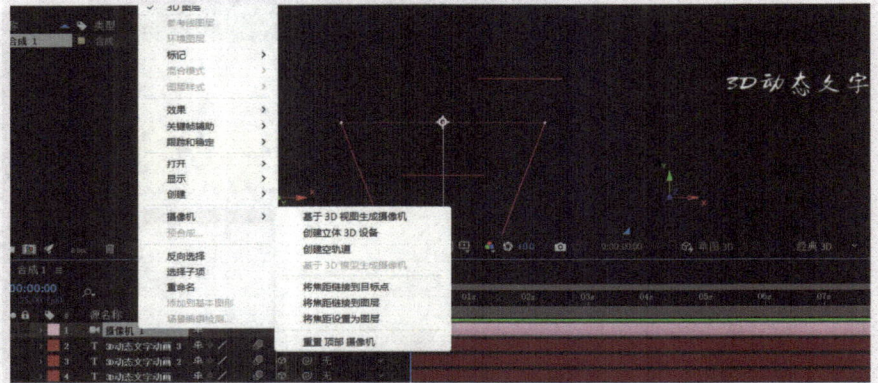
10. 按<P>键展开空对象和三个文本图层的"位置"属性,准备对空对象位置添加关键帧	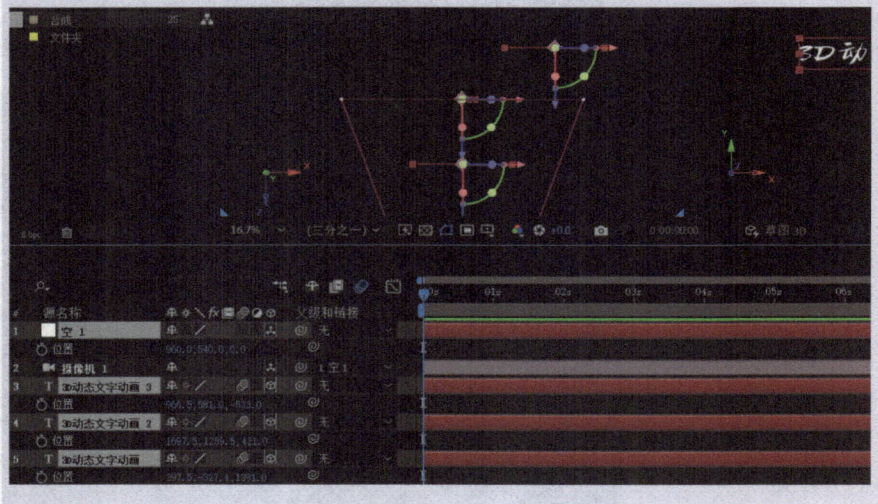

步骤	图示
11. 将"当前时间指示器"移至开头,单击空对象"位置"属性之前的码表,添加一个关键帧,调整摄像机的位置	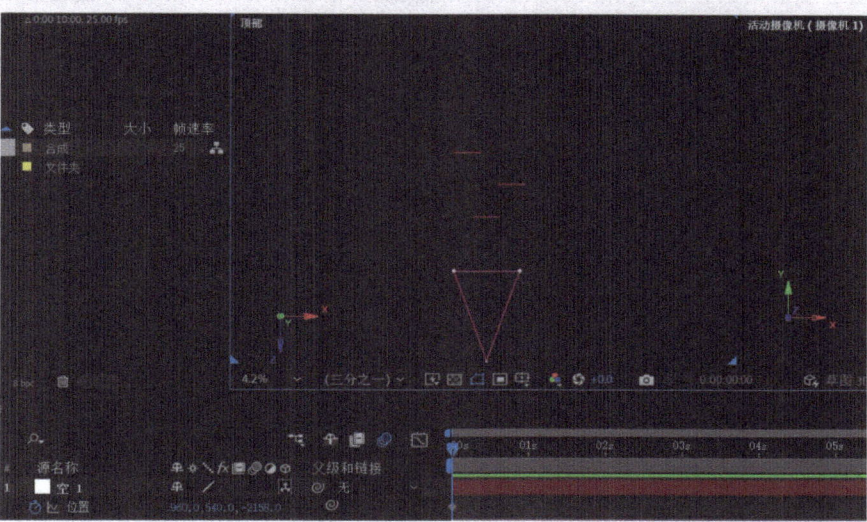
12. 将"当前时间指示器"分别移至1s、2s、3s的位置,使用快捷键<Ctrl+C>、<Ctrl+V>复制三个文本图层的"位置"至此;在4s处调整空对象的位置,使三个文本全部消失在画面之外	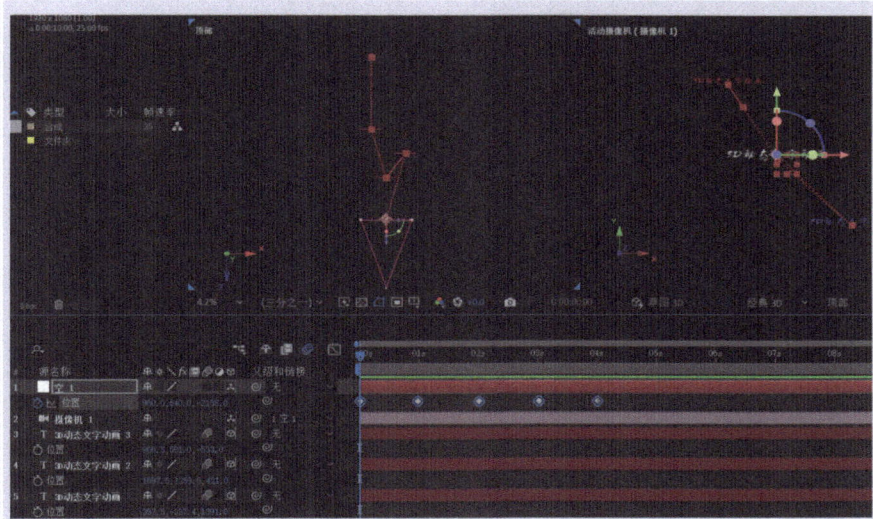
13. 选择视图布局为"1个视图",再选取所有关键帧,按<F9>功能键设置"缓动";用空格键测试,完成最终的效果制作	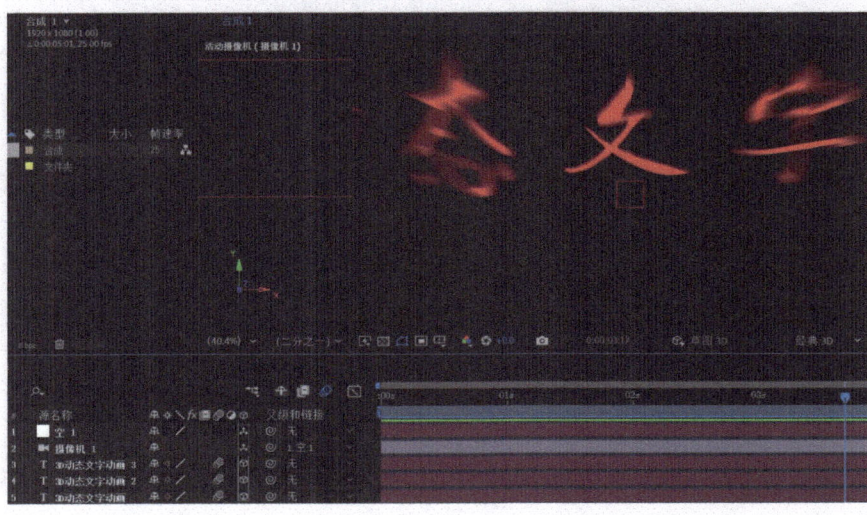

任务 4 制作立体文字

任务评价

1. 自我评价（在已掌握的项目前打√）

- □ 设置3D渲染器
- □ 新建摄像机图层及设置动画
- □ 选择视图布局
- □ 调整空间文本属性
- □ 立体文字制作
- □ 设置灯光图层
- □ 设置运动模糊
- □ 用快捷键<F9>设置关键帧"缓动"

2. 教师评价

任务完成情况：□ 优　　□ 良　　□ 合格　　□ 不合格

任务5 制作立体图形

	任务5 制作立体图形	班级：	姓名：
	学习领域：After Effects进阶	地点：	日期：

任务目标

1. 学会图形边缘对齐的方法
2. 学会移动锚点
3. 学会制作图形绕轴的旋转动画
4. 掌握使用摄像机调整视角的方法

任务导入

在视频网站观看After Effects图形动画，尤其是经典的立方体动画，总结其制作技巧。

任务准备

拆解几何体的各个面，理解三维立方体动画制作原理。

任务实施

步骤	图示
1. 在After Effects中新建一个合成，使用矩形工具并按住<Shift>键，绘制一个正方形；勾选工具栏上的"对齐"项，在图层面板单击"3D图层"	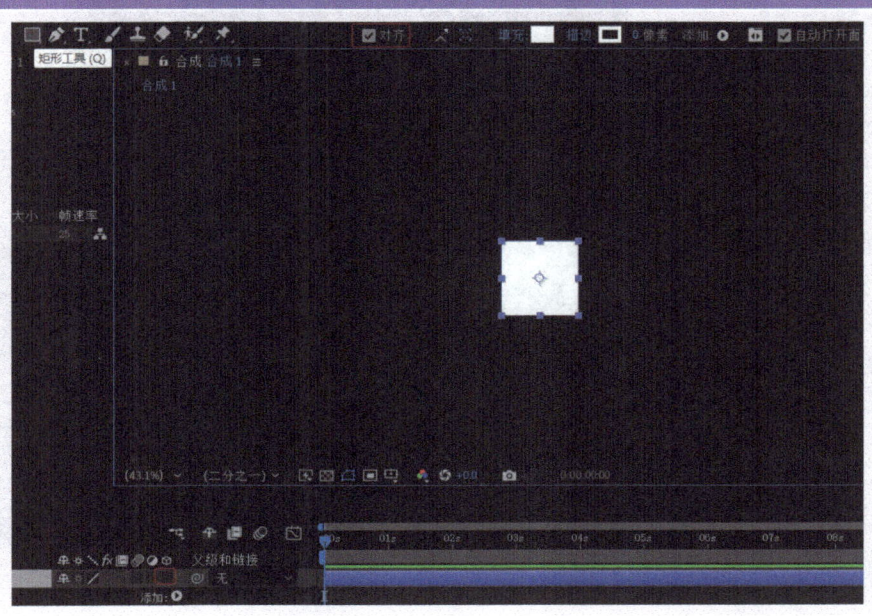

步骤	图示
2. 按5次快捷键<Ctrl+D>，复制5个正方形图层，使用选取工具，将5个图层如图所示进行排列	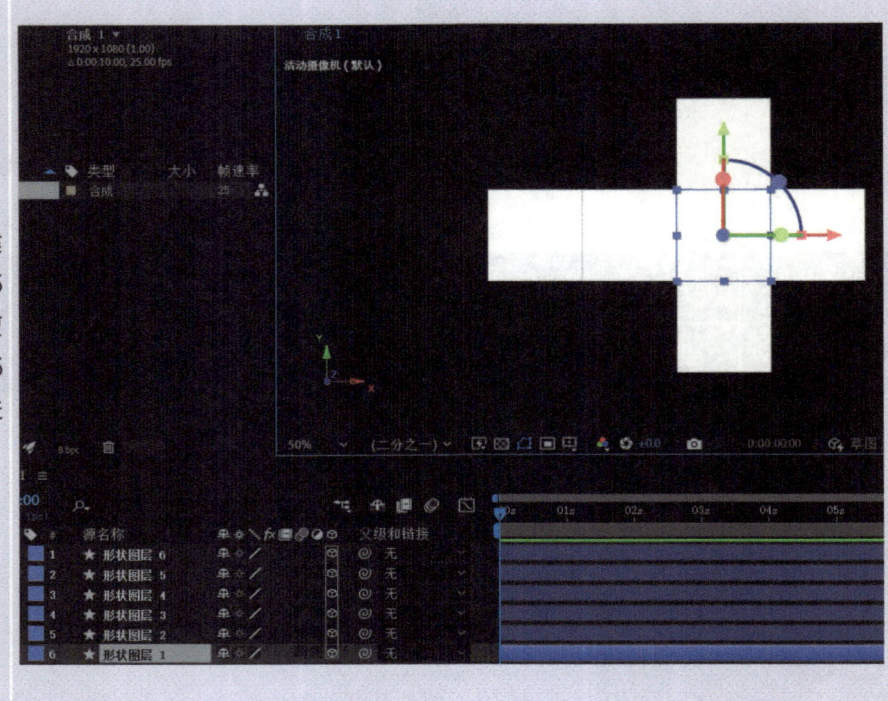
3. 为了分清层次，分别调整各图层正方形的颜色，再使用"锚点工具"移动锚点至各正方形的底边	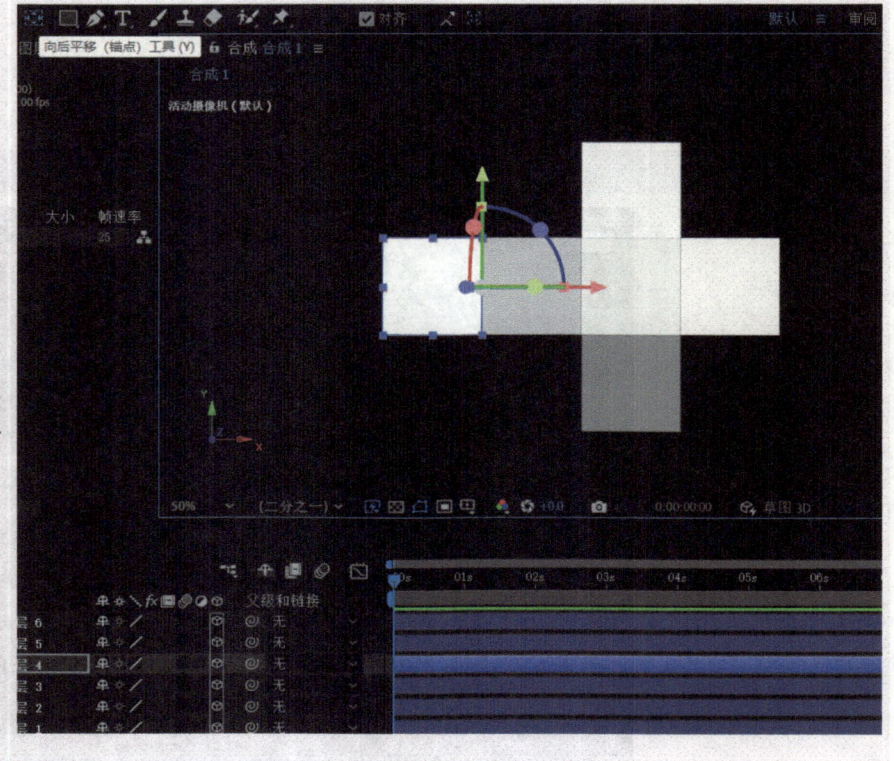

步骤	图示
4．使用父级关联器，将最左侧正方形关联至其右边的正方形，即以右边的正方形作为它的父级，子级将继承父级的运动	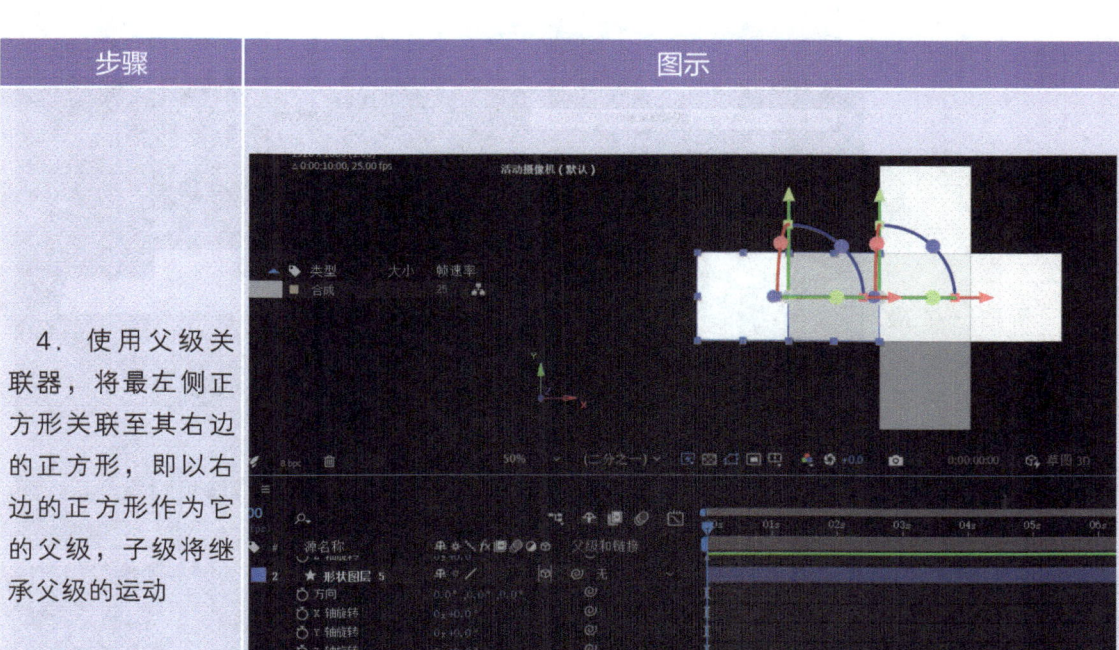
5．自上方开始，间隔1s，让正方形分别绕X、Y和Y轴做0~90°的旋转运动；最左侧的正方形最后做绕Y轴0~90°的旋转运动，至此，立方体制作完成	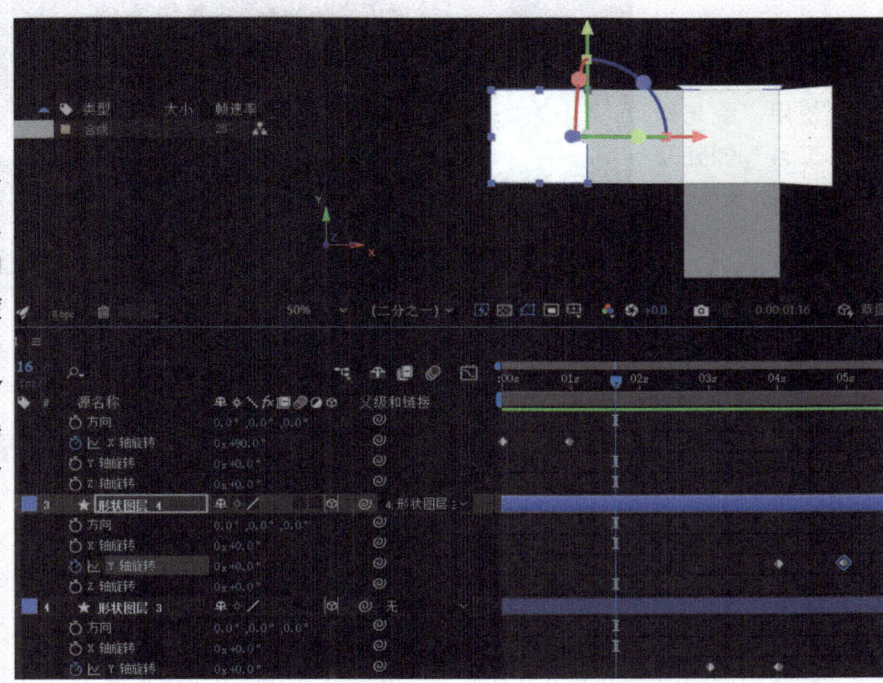

任务 5　制作立体图形

步骤	图示
6．新建一个摄像机图层，使用"绕光标旋转工具"调整视角	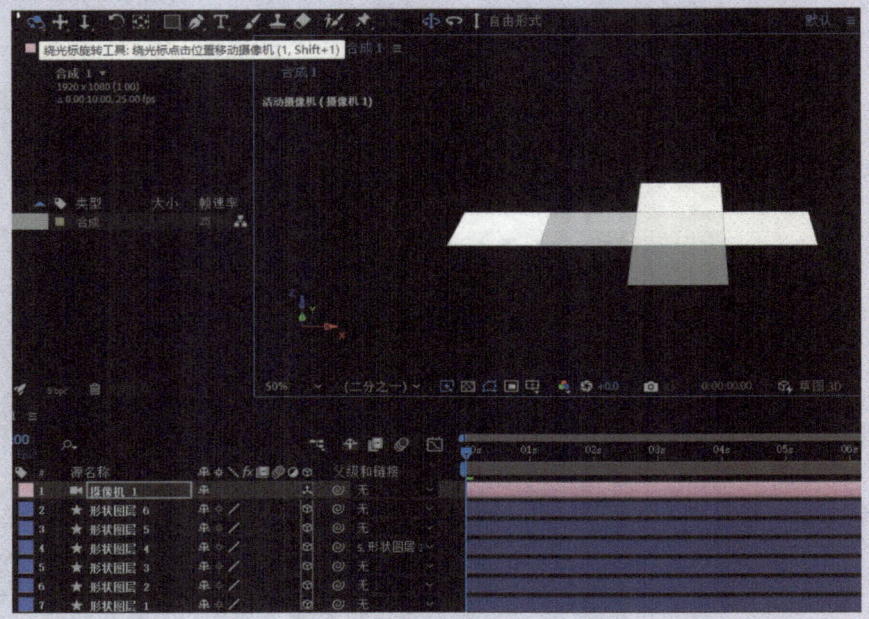
7．展开摄像机图层的"变换"项，间隔一定的时长对目标点、位置各添加一个关键帧；在末尾关键帧，使用"绕光标旋转工具"调整立方体的位置及大小，完成立方体形成及旋转动画制作	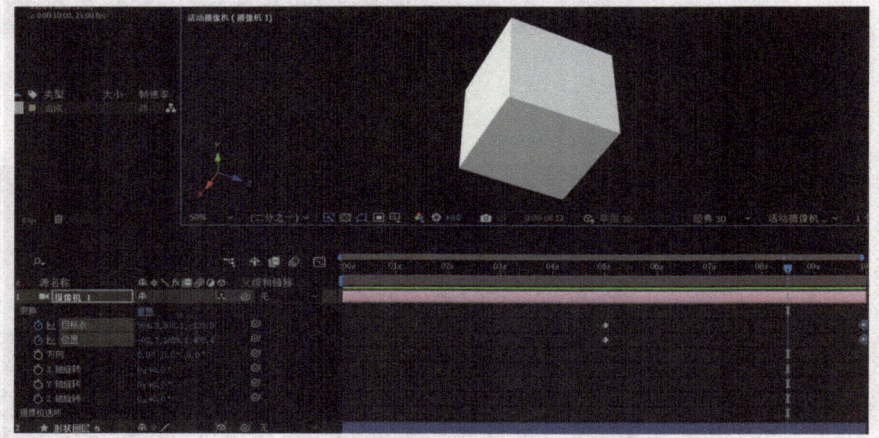

任务评价

1. 自我评价（在已掌握的项目前打 √）

- □ 绘制正方形并设置"对齐"
- □ 调整锚点至各个旋转轴
- □ 设置两个面联动
- □ 设置摄像机位移动画
- □ 制作立方体展开图
- □ 了解父级关联器
- □ 依次制作各个面的绕轴动画
- □ 用Z轴调整立方体的大小

2. 教师评价

任务完成情况：□ 优　　□ 良　　□ 合格　　□ 不合格

任务6　制作立体图片

	任务6　制作立体图片	班级：	姓名：
	学习领域：After Effects进阶	地点：	日期：

任务目标

1. 掌握新建纯色图层的方法
2. 学会三维图层的锚点移动
3. 学会在预合成中用图片替换纯色图层
4. 学会用空对象去控制多个三维图层，以提高After Effects的制作效率

任务导入

三维图片动画制作具有较高的技巧和难度，需要多观摩、多思考，才能摸索出其中制作的经验和技巧。

任务准备

准备一批用于制作三维旋转的图片素材，图片尺寸大小无须一致。

任务实施

步骤	图示
1. 在After Effects中新建一个合成，按快捷键<Ctrl+Y>新建一个纯色层，设置宽度为300px、高度为400px	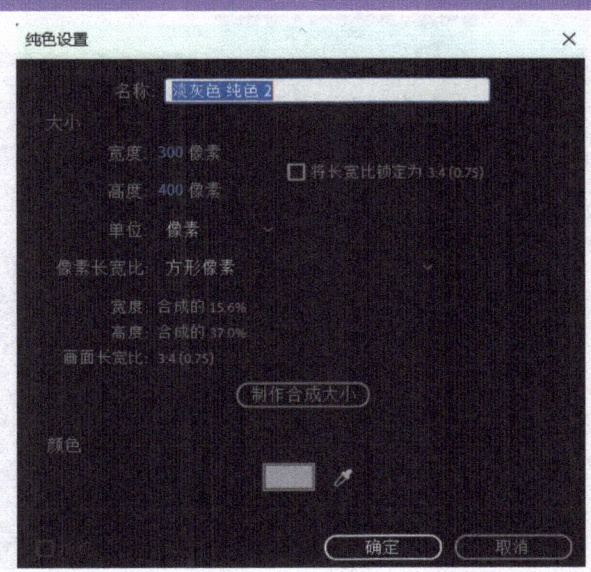

步骤	图示
2. 将此图层转换为3D图层，切换至2个视图模式，使用锚点工具移出纯色图层的锚点	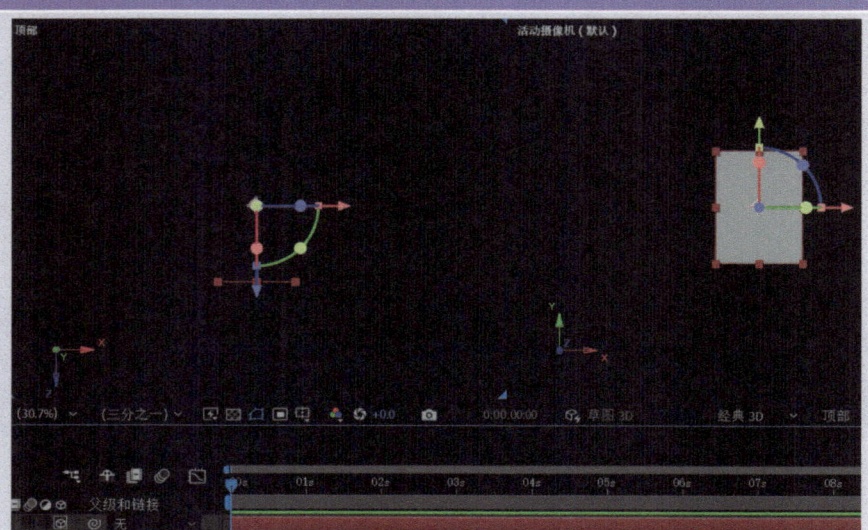
3. 按快捷键<Ctrl+D>复制出5个图层，按<R>键展开各个图层的旋转属性；围绕Y轴各复制出的图层依次增加60°旋转，围成如图所示的六面体	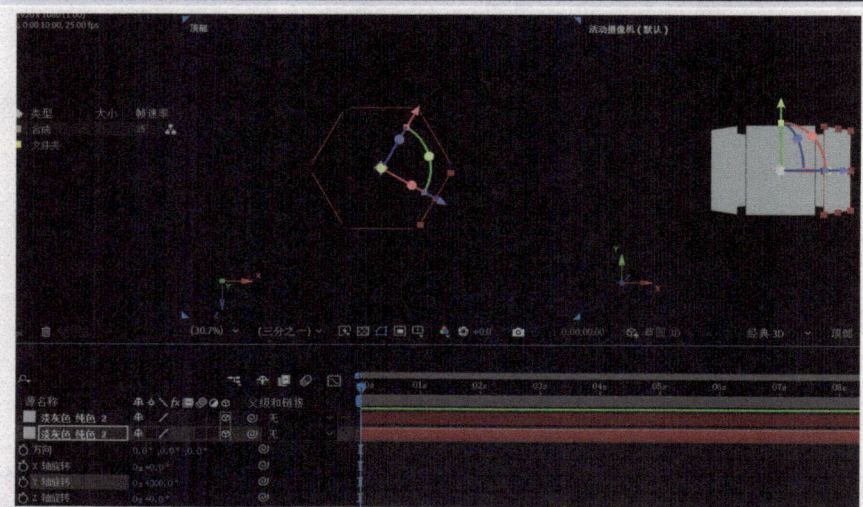
4. 按快捷键<Ctrl+Shift+C>对选定的各个图层分别进行"预合成"，在打开的对话框中，单击"确定"按钮	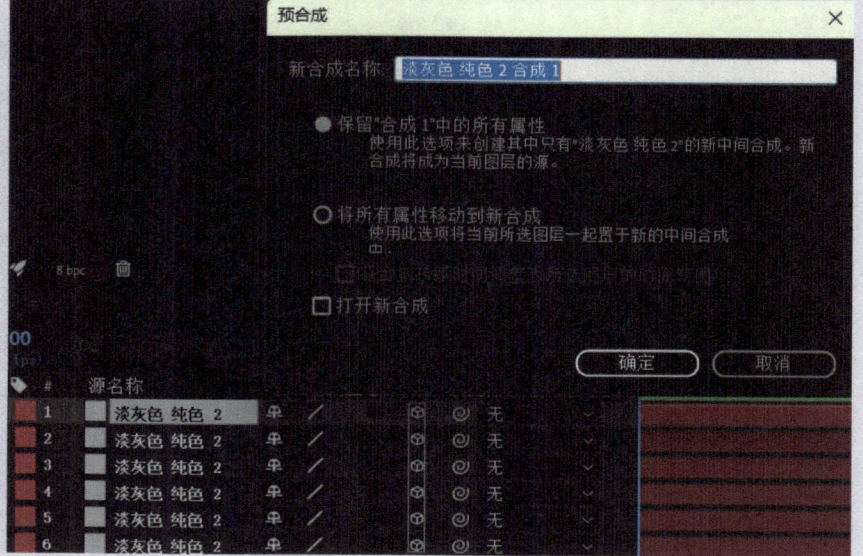

步骤	图示
5．按快捷键<Ctrl+I>导入6张图片，准备添加至6个预合成之中，形成图片六面体	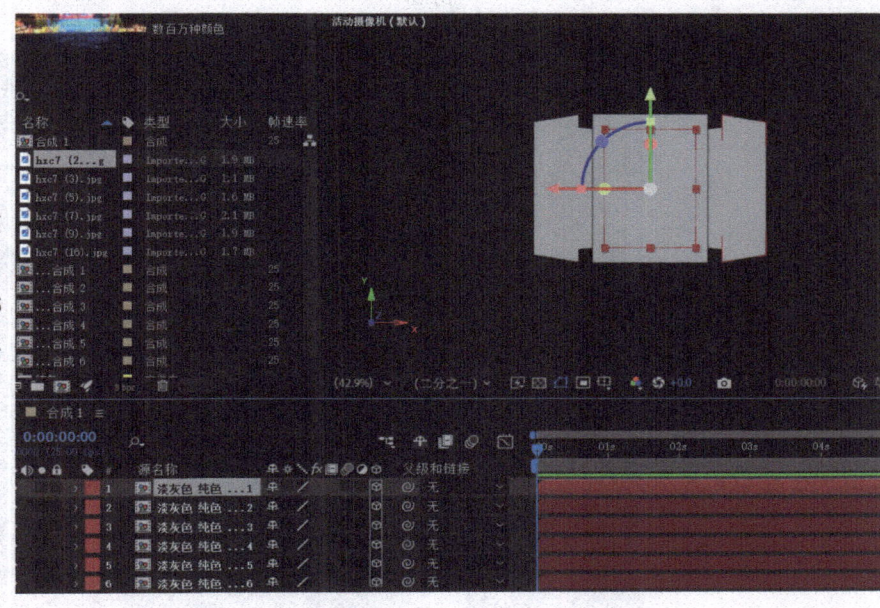
6．逐个双击"预合成"图层，将其展开，再将图片拖拽至其中，完成"预合成"内容的填充	

任务 6 制作立体图片

步骤	图示
7. 在各个"预合成"中调整图片的大小与画布相匹配，返回主合成，完成图片六面体的制作	
8. 新建一个空对象图层，将其设置为三维图层；选中图片六面体，将其父级设定为空对象	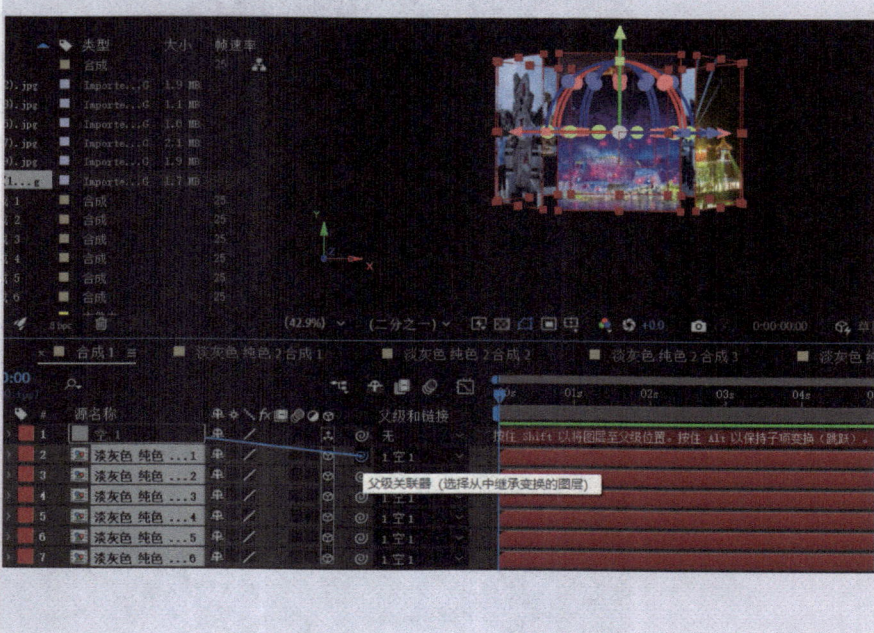

步骤	图示
9. 选中空对象，使用"绕光标旋转工具"调整视角；按<R>键展开空对象的旋转属性，移动"当前时间指示器"至首、尾，各添加一个关键帧，调整旋转角度的值，完成图片六面体的旋转动画制作	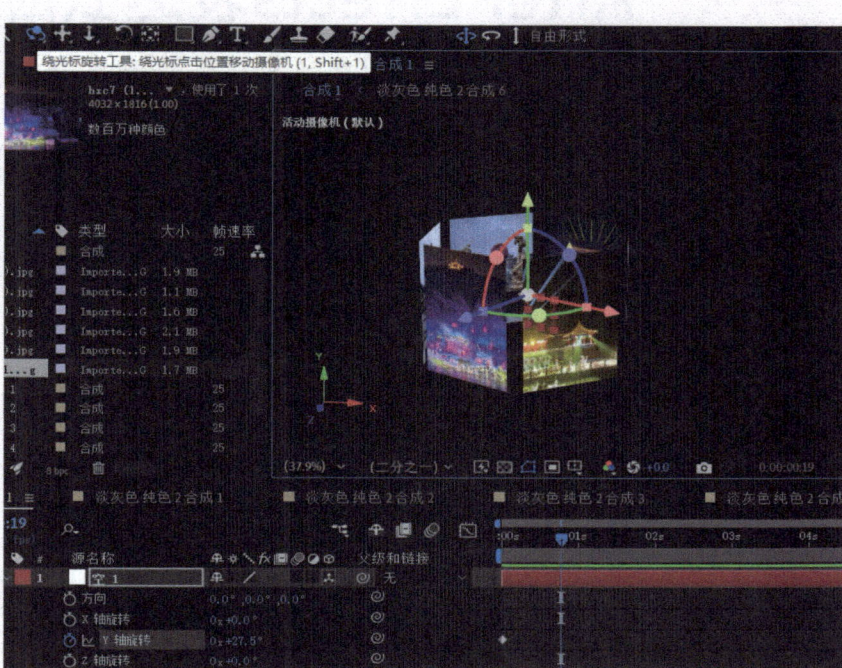

任务 6 制作立体图片

任务评价

1. 自我评价（在已掌握的项目前打√）

□ 新建纯色图层及快捷键　　　　　□ 预合成及快捷键

□ 锚点移动工具及快捷键　　　　　□ 绑定父级操作

□ 制作图片六面体　　　　　　　　□ 用空对象去控制多个图层

□ 调整视角操作

2. 教师评价

任务完成情况：□ 优　　□ 良　　□ 合格　　□ 不合格

任务7　After Effects表达式应用

	任务7　After Effects表达式应用	班级：	姓名：
	学习领域：After Effects进阶	地点：	日期：

任务目标

1. 学会正圆、圆角矩形的绘制方法及参数设置
2. 能进行形状图层与调整图层的类型互换
3. 学会运用"快速方框模糊"效果
4. 掌握wiggle(振频,振幅)表达式的使用

任务导入

After Effects表达式类动画和特效制作可避免烦琐的关键帧设置，事半功倍。

任务准备

预习After Effects常用的表达式：time( )、LoopOut( )、random( )、wiggle( )等。

任务实施

步骤	图示
1. 在After Effects中新建一个合成，使用椭圆工具并按住<Shift>键，分3层绘制3个正圆并填充不同的颜色	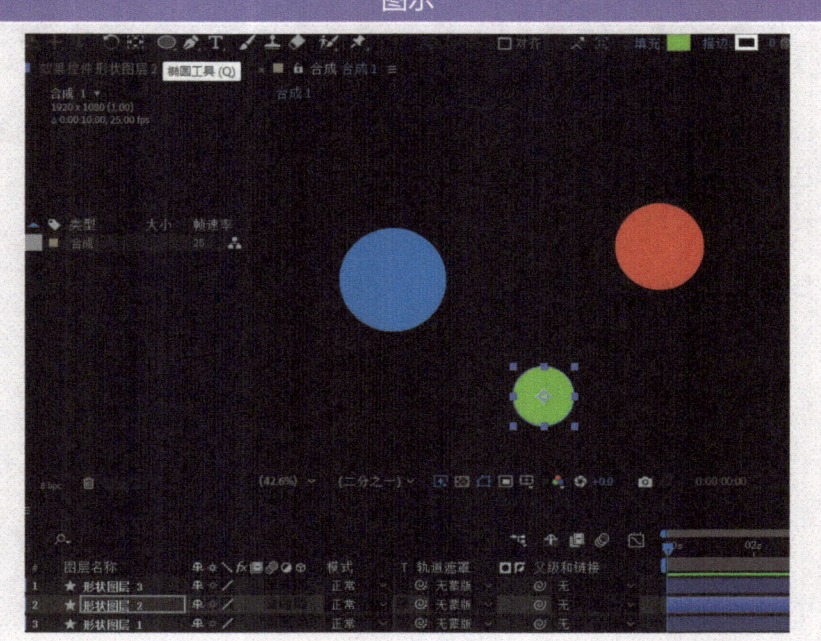

步骤	图示
2. 在无任何图层选取的状态下,使用圆角矩形工具绘制一个圆角矩形,无边框有填充	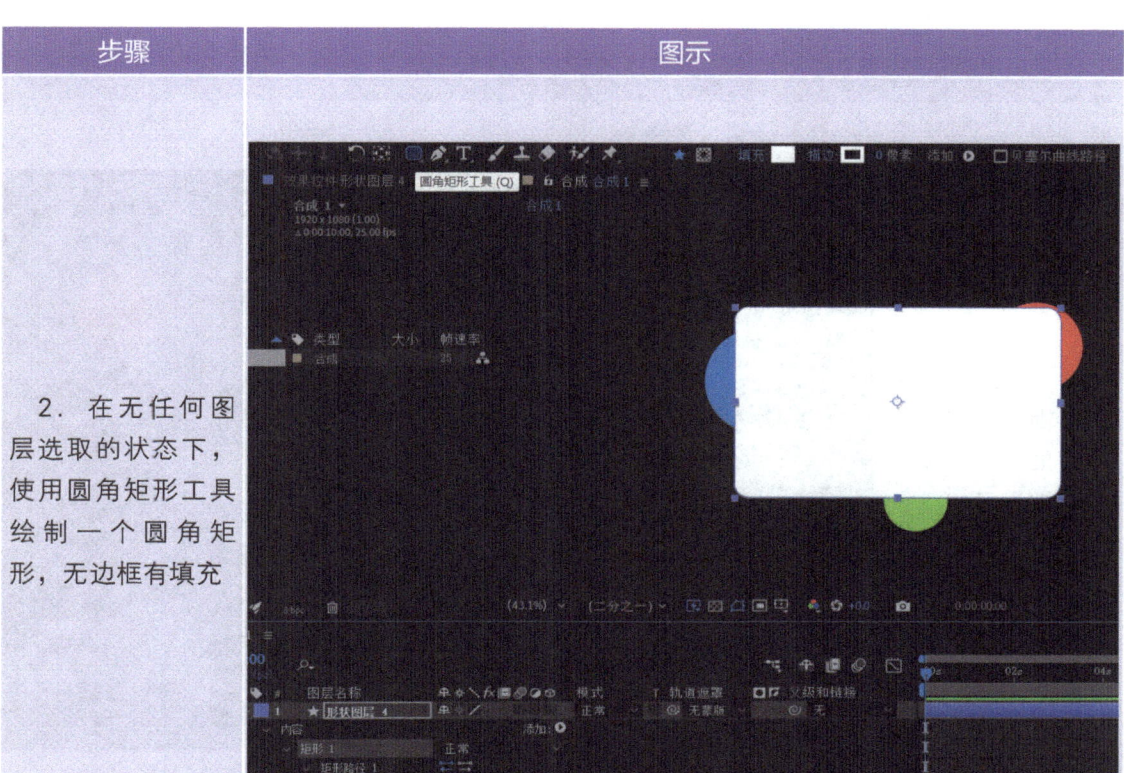
3. 单击"调整图层"按钮,实现图层类型的转换	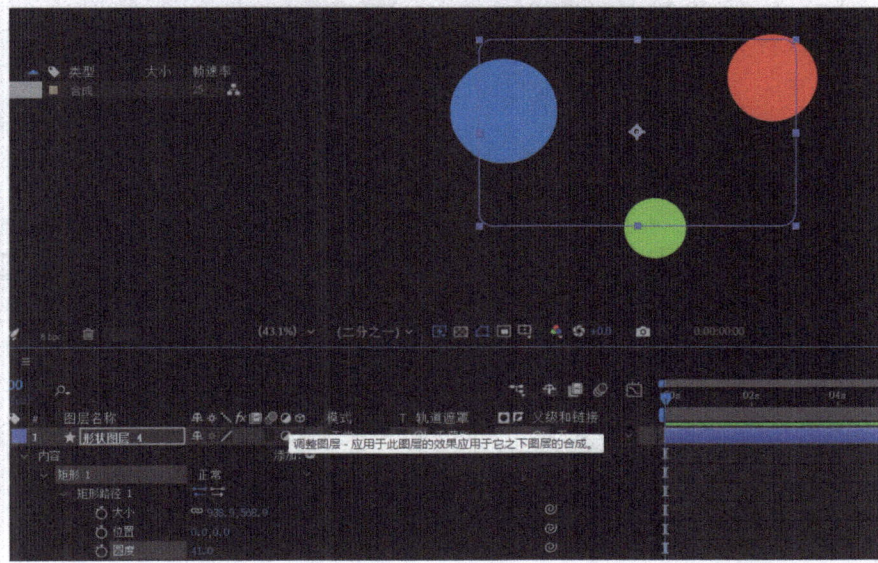

步骤	图示
4. 添加"快速方框模糊"效果，在"效果控件"面板对模糊半径、迭代两个参数进行调整	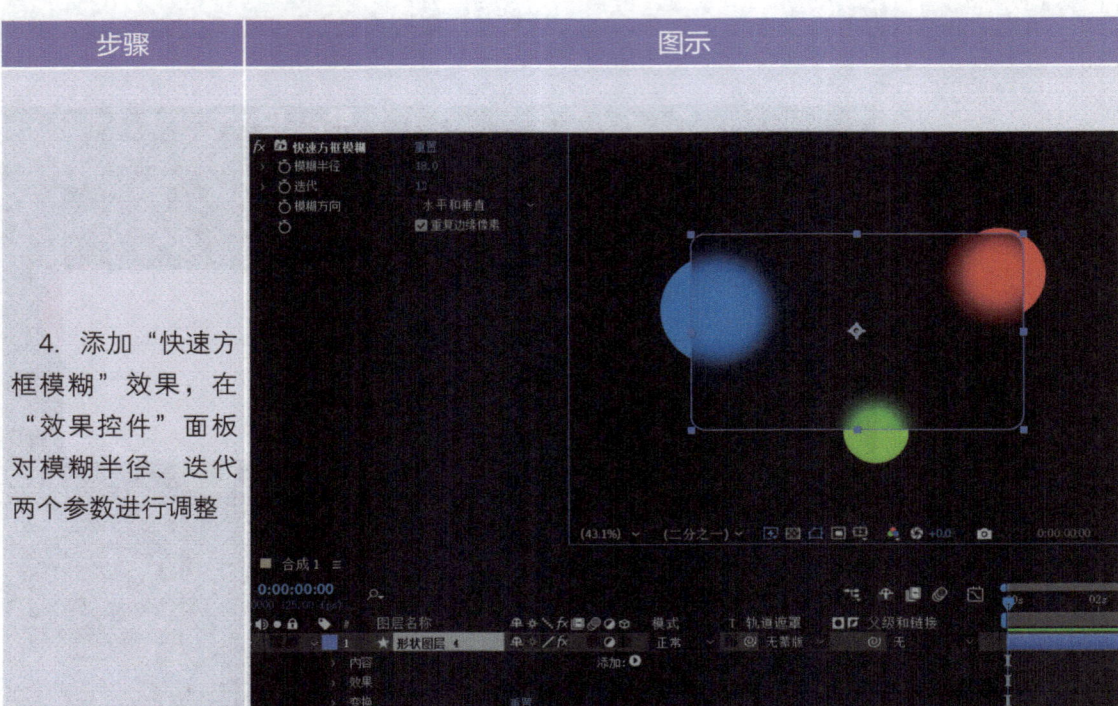
5. 按快捷键 <Ctrl+D> 复制调整图层，再单击"调整图层"按钮，将其转换为形状图层；展开"图层"→"矩形"属性，取消填充，设置描边为白色、不透明度为50%、描边宽度为3.0	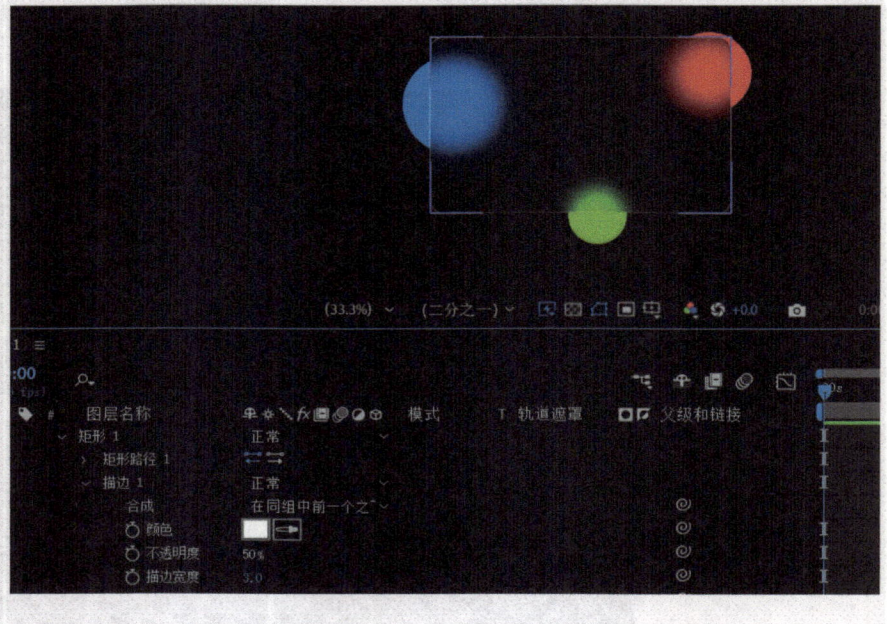

步骤	图示
6. 将调整图层的父级绑定为圆角矩形边框所在的图层；选定三个正圆和圆角矩形边框所在的图层，按<P>键展开其"位置"属性	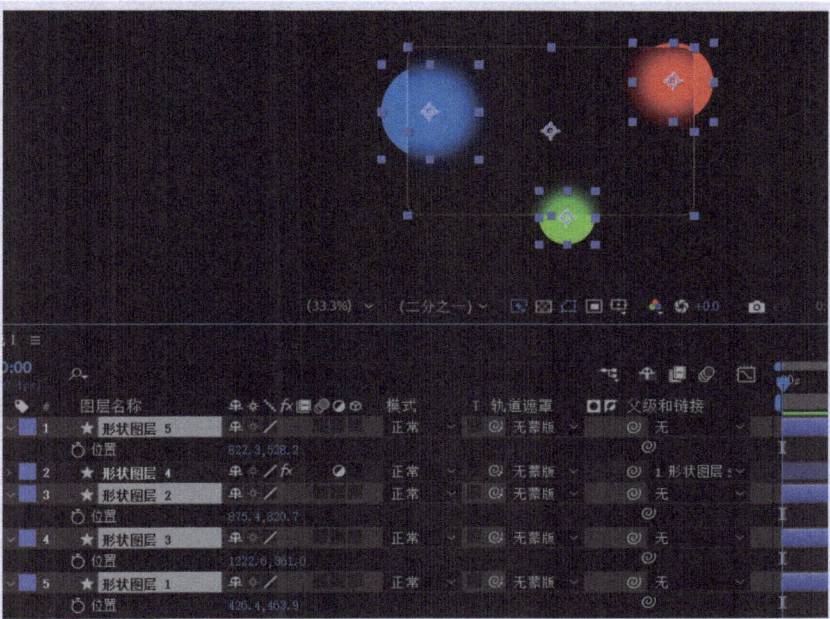
7. 按住<Alt>键不松，再逐个单击图层位置属性之后的码表，输入After Effects抖动表达式：wiggle(0.5,50)，完成After Effects的毛玻璃动效设置 注：各个图层上的0.5或50的数值可动态调整，以达到更好的随机抖动效果	

任务评价

1. 自我评价（在已掌握的项目前打√）

- ☐ 绘制正圆和圆角矩形
- ☐ 形状图层转换为调整图层
- ☐ 快速方框模糊
- ☐ After Effects表达式的输入
- ☐ 对图形进行填充和描边
- ☐ 调整图层转换为形状图层
- ☐ 图层间的父级绑定
- ☐ wiggle(m,n)表达式中的参数设定

2. 教师评价

任务完成情况： ☐ 优　　☐ 良　　☐ 合格　　☐ 不合格

任务8　跟踪运动

任务8　跟踪运动	班级：	姓名：
学习领域：After Effects进阶	地点：	日期：

任务目标

1. 学会基于素材新建合成
2. 掌握素材的裁剪方法
3. 会使用"跟踪摄像机"分析视频
4. 掌握使用摄像机创建文本和创建实底的方法

任务导入

观看视频网站有关After Effects跟踪动画和特效制作案例，分析其制作技巧。

任务准备

搜集适合制作跟踪动画和特效的视频素材。

任务实施

步骤	图示
1. 在After Effects的项目面板中导入一个视频素材，选中并右击，在弹出的菜单中单击"基于所选项新建合成"	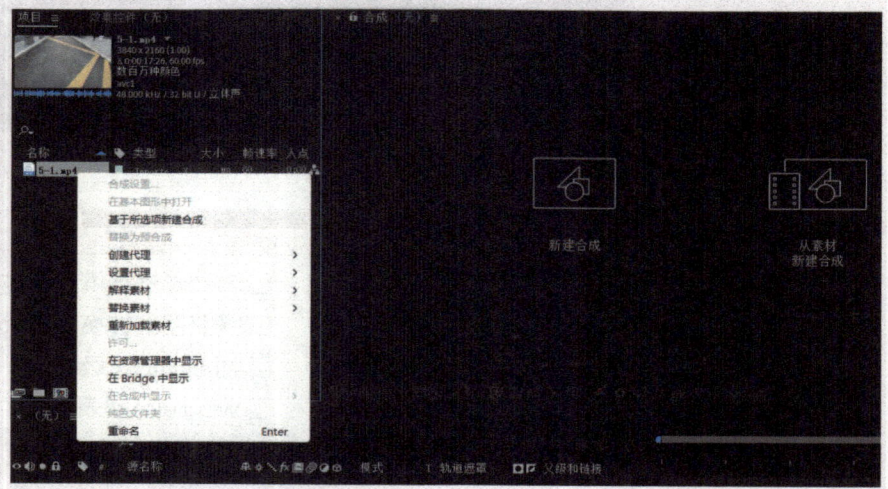

步骤	图示
2. 按<B>、<N>键对视频素材进行"掐头去尾"操作，右击在弹出的菜单中选择"将合成修剪至工作区域"	
3. 展开跟踪器面板，单击"跟踪摄像机"按钮，After Effects开始后台分析摄像机控制点	
4. 3D摄像机跟踪分析完成之后，画布上会出现若干红、绿、蓝控制点，其中绿色控制点表示跟踪效果较为稳定	

任务 8 跟踪运动

步骤	图示
5. 选定由3个控制点形成的靶向控制面，右击在弹出的菜单中单击"创建文本和摄像机"	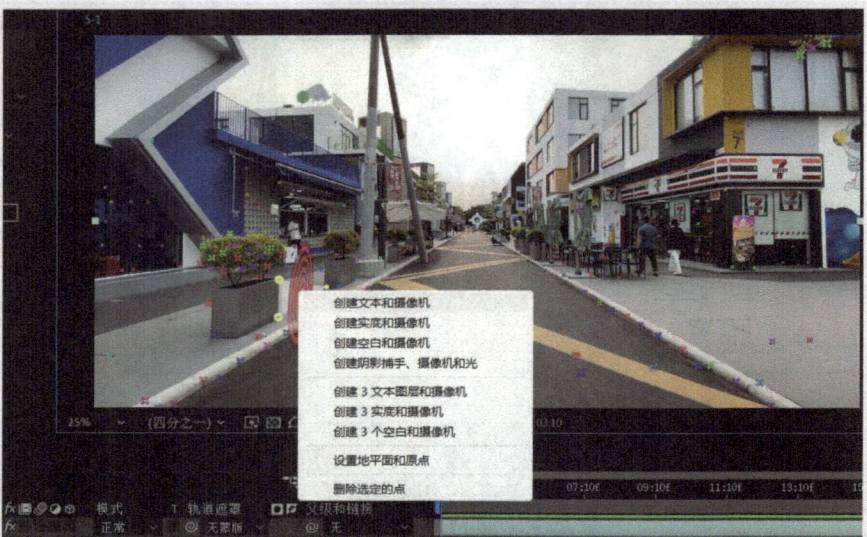
6. 输入文本内容，再调节文本的位置、大小、旋转等属性	
7. 选定由另外3个控制点形成的靶向控制面，右击在弹出的菜单中选择"创建实底"，准备用导入的图片替换掉实底图形	

步骤	图示
8．按快捷键<Ctrl+I>，导入一个破洞图片，准备用于替换实底图形	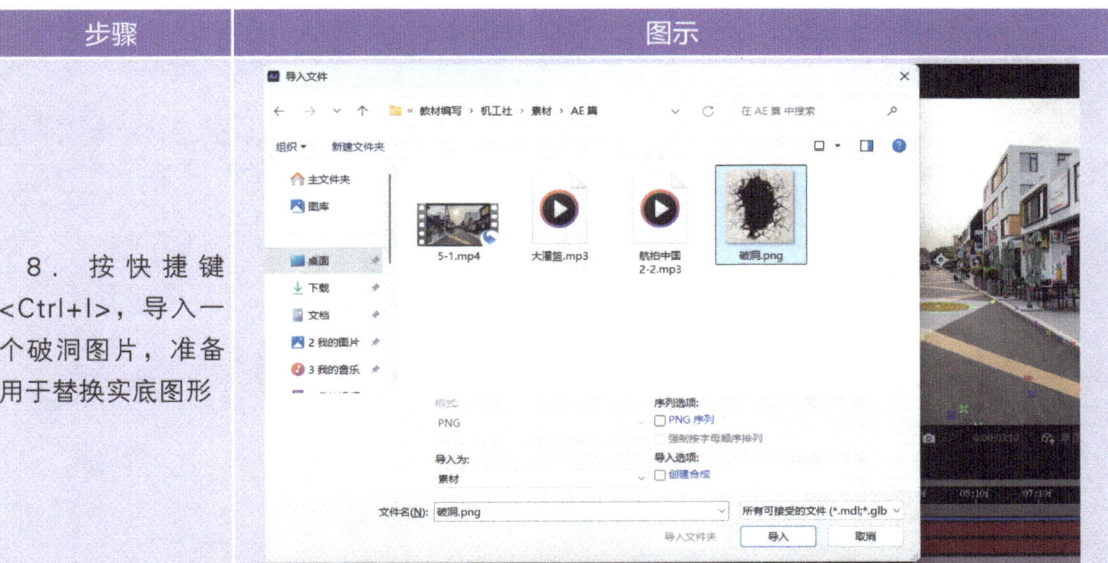
9．按住<Alt>键不松，从项目面板拖拽破洞图片至实底图层，完成图片替换；按<S>键展开图层"缩放"属性，适当调整图片的大小	
10．在图层面板展开"模式"选项，选择"变暗"后，地面出现"破洞"效果更加逼真；完成两处的跟踪摄像机动画和特效制作	

任务8 跟踪运动

任务评价

1. 自我评价（在已掌握的项目前打√）

- ☐ 基于素材新建合成
- ☐ 跟踪摄像机操作
- ☐ 编辑跟踪文本属性
- ☐ 用图片替换实底
- ☐ 对视频素材掐头去尾
- ☐ 创建文本和摄像机
- ☐ 创建实底
- ☐ 设置图层混合模式

2. 教师评价

任务完成情况：☐ 优　　☐ 良　　☐ 合格　　☐ 不合格

任务9　Saber插件应用

任务9　Saber插件应用	班级：	姓名：
学习领域：After Effects进阶	地点：	日期：

任务目标

1. 学会Saber插件的安装
2. 熟悉Saber插件的应用场合
3. 学会经典的燃烧字制作
4. 学习Saber光影动画制作技巧，提高作品的专业水平

任务导入

强大的外挂插件大大降低了After Effects的学习难度并提高了作品的专业水准，在实际工作领域，After Effects插件和模板的运用非常普遍。

任务准备

明确After Effects的安装路径，搜索并下载Saber插件（汉化）。

任务实施

步骤	图示
1. 双击Saber主程序，开启Saber插件的安装，确定After Effects在本地的安装路径之后，单击"Next"按钮，直至完成插件安装	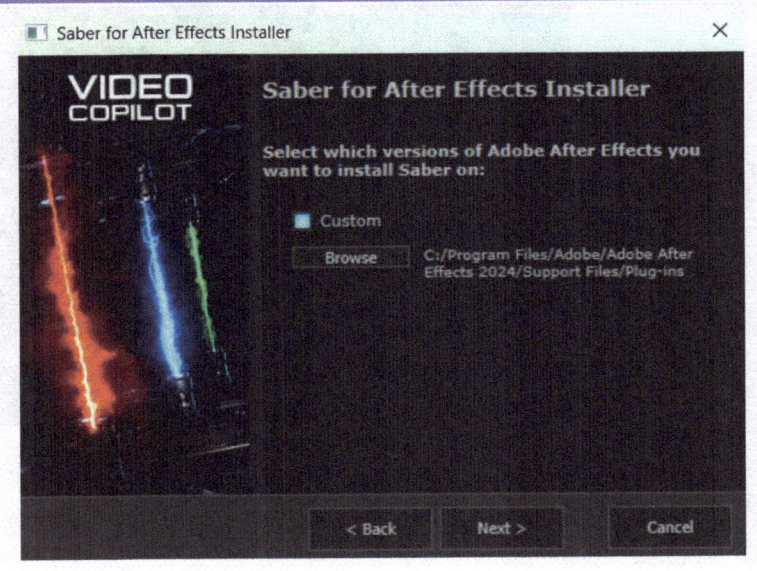

步骤	图示
2. 在After Effects中新建一个合成，使用文字工具输入一行文本；单击"效果"→"Video Copilot"，验证Saber插件所在的位置	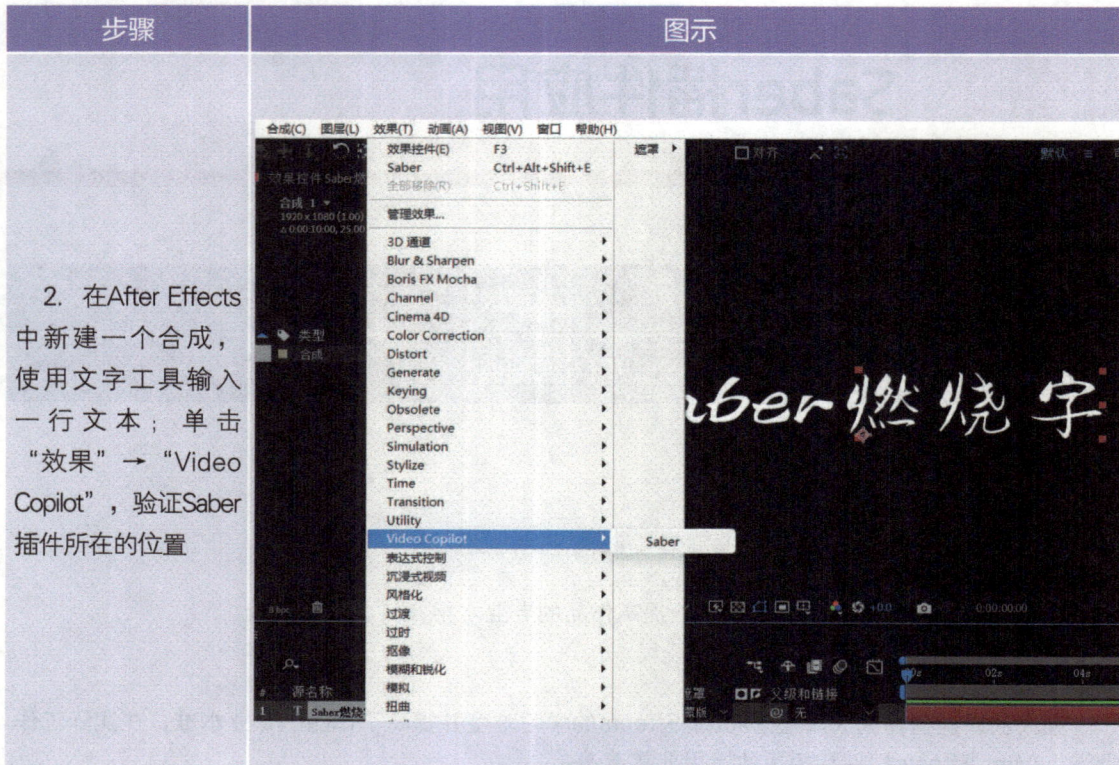
3. 新建一个纯色图层，然后添加Saber效果	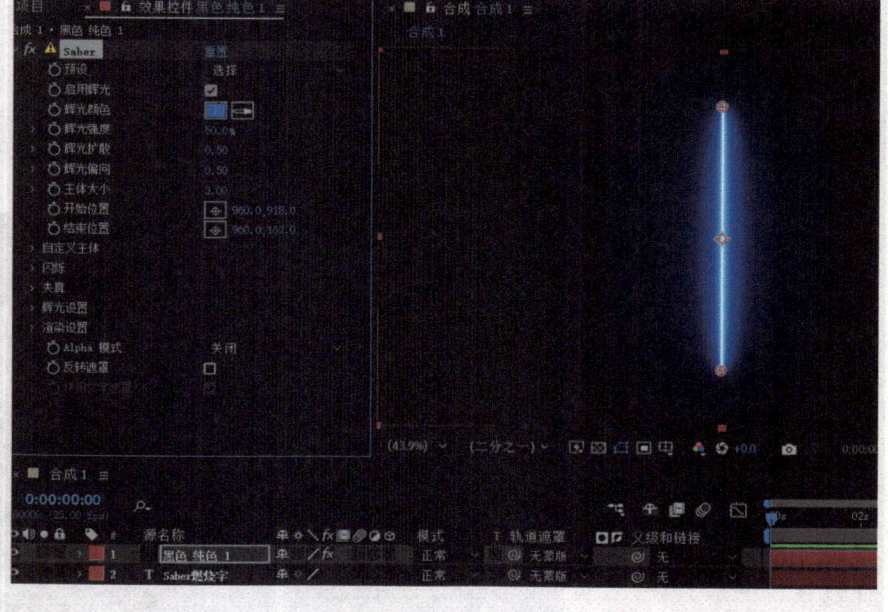

步骤	图示
4. 在效果控件面板对Saber进行如下设置： 预设：火焰； 主体类型：文字图层； 此外对辉光强度、辉光扩散等参数也做出相应的调整，完成燃烧字特效制作	
5. 新建一个纯色图层，使用钢笔工具绘制一个开放的路径，再对路径的形状进行调整	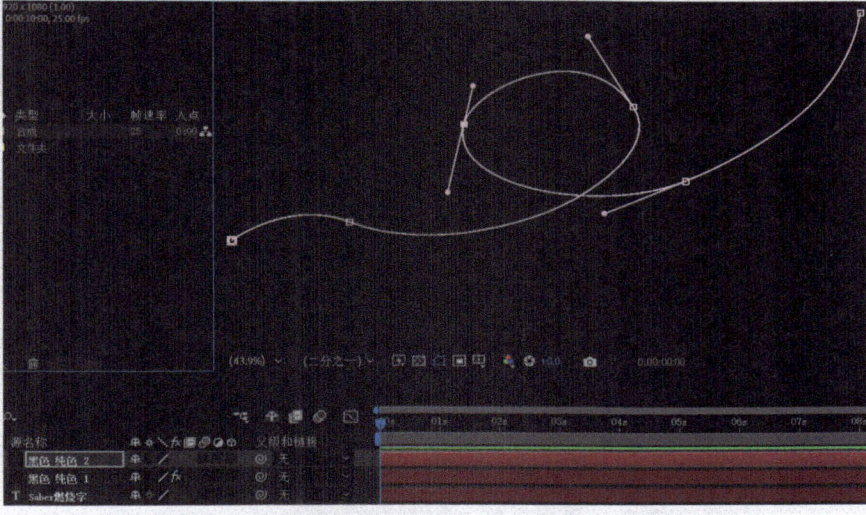
6. 从右侧的"效果和预设"面板添加Saber效果，准备将其应用至绘制的蒙板路径	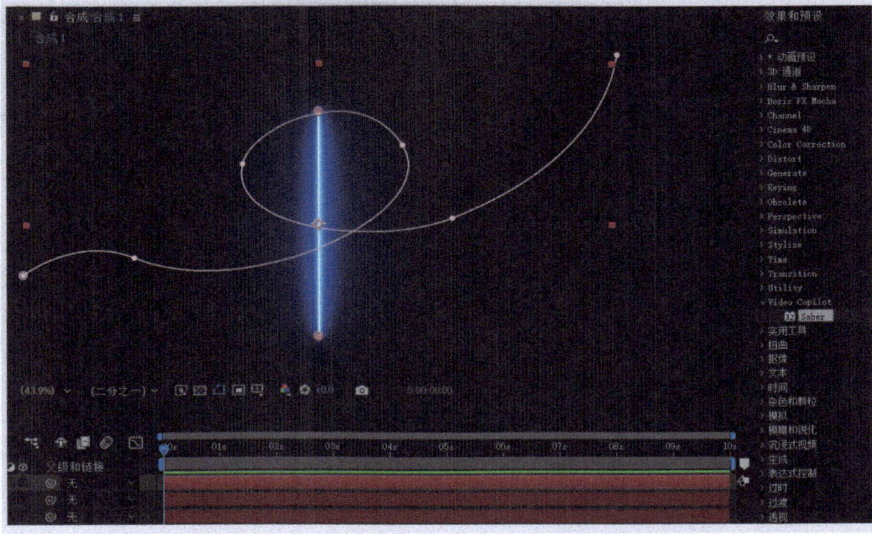

步骤	图示
7. 在效果控件面板设置主体类型为"遮罩图层"	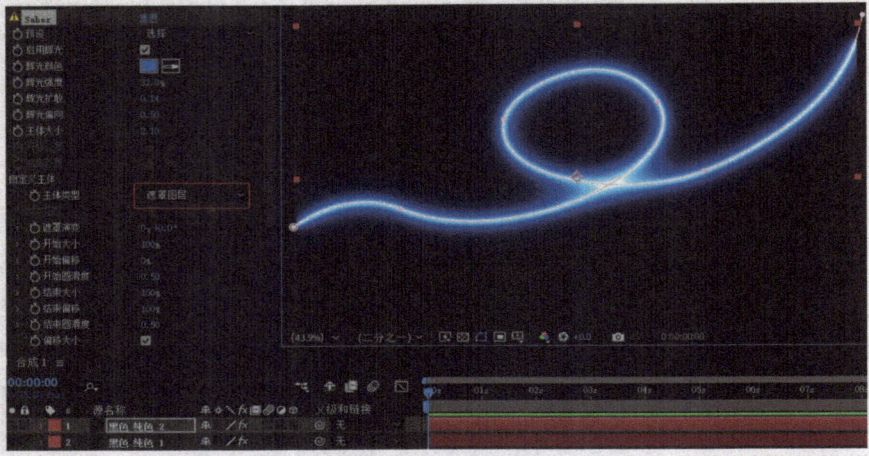
8. 对开始偏移和结束偏移两项,间隔相同的时长,首尾各添加一个关键帧,设置数值为0~100;将"开始偏移"的两个关键帧整体向右移动,形成一个光影线段的运动特效	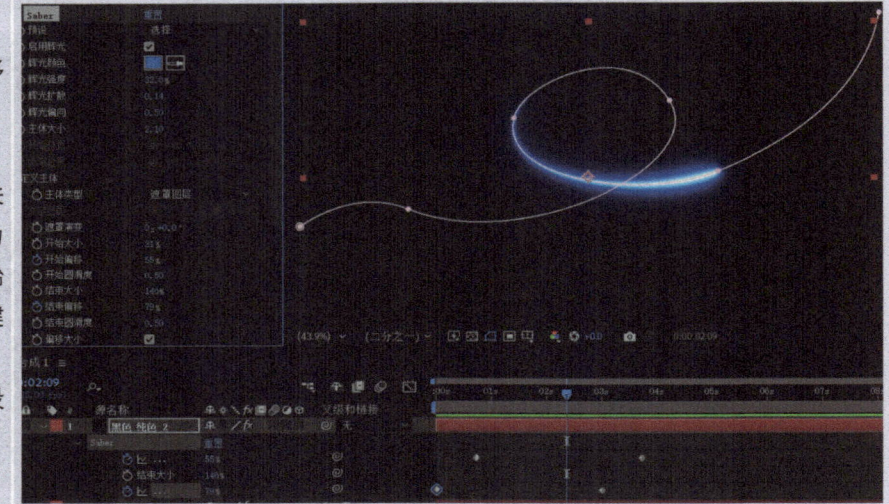
9. 在效果控件面板将"渲染设置"→"合成设置"项设置为"透明",从而完成两个Saber效果应用图层的透明叠加	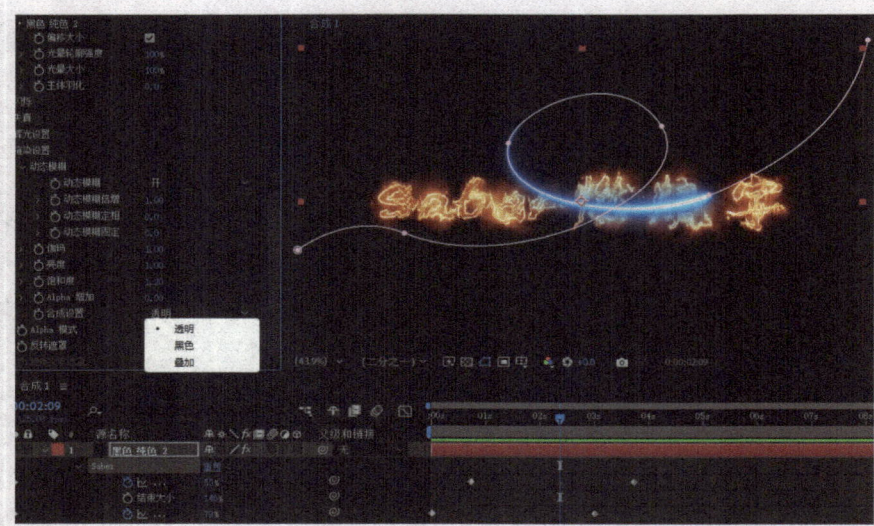

任务评价

1. 自我评价（在已掌握的项目前打 √）

- ☐ Saber插件下载及安装
- ☐ Saber "预设"项
- ☐ 用"钢笔工具"在纯色图层上建立蒙板
- ☐ 利用开始/结束偏移制作光影掠过特效

- ☐ 文本图层的Saber效果应用
- ☐ Saber "自定义主体"项
- ☐ 调整矢量路径的形状
- ☐ 设置两个Saber效果的透明叠加

2. 教师评价

任务完成情况： ☐ 优　　☐ 良　　☐ 合格　　☐ 不合格

任务10　LoopFlow插件应用

	任务10　LoopFlow插件应用	班级：	姓名：
	学习领域：After Effects进阶	地点：	日期：

任务目标

1. 学会LoopFlow插件的安装
2. 熟悉LoopFlow插件的应用场合
3. 学会经典的瀑布动效制作
4. 拓展LoopFlow流动动效的应用范围，提高作品的专业水平

任务导入

LoopFlow插件大大降低了After Effects流动类动效制作的难度，在实际工作领域，After Effects插件和模板的运用非常普遍。

任务准备

找到After Effects安装目录下的Plug-ins子文件夹，将LoopFlow.aex文件直接复制、粘贴至此，完成插件的安装。

任务实施

步骤	图示
1. 启动After Effects，单击"从素材新建合成"按钮，基于选定的图片新建一个合成	

步骤	图示
2．从右侧的"效果和预设"面板添加LoopFlow效果，准备将静态图片转换为动态视频	
3．选定图层，使用钢笔工具绘制两个蒙版，绘制方向均是自上而下；在"效果控件"面板，设置： 蒙版1：蒙版1； 蒙版2：蒙版2； 这样在两个蒙版之间的区域就形成动效	
4．继续使用钢笔工具绘制两个蒙版，绘制方向均是自上而下；在"效果控件"面板，按快捷键<Ctrl+D>复制LoopFlow效果并设置： 蒙版1：蒙版3； 蒙版2：蒙版4； 在两个蒙版之间的区域同样会形成动效	

任务 10　LoopFlow 插件应用

步骤	图示
5．重新启动After Effects，单击"从素材新建合成"按钮，基于选定的图片新建一个合成	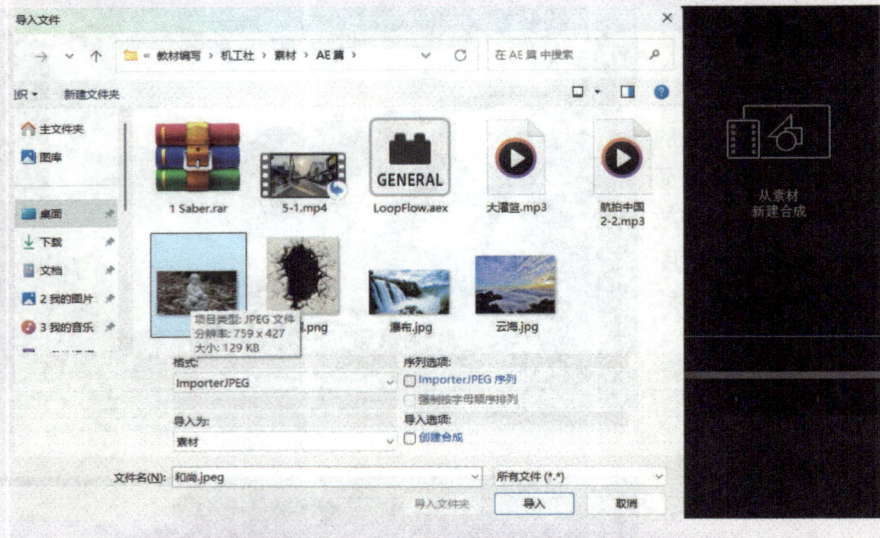
6．使用钢笔工具绘制如图所示的两个蒙版	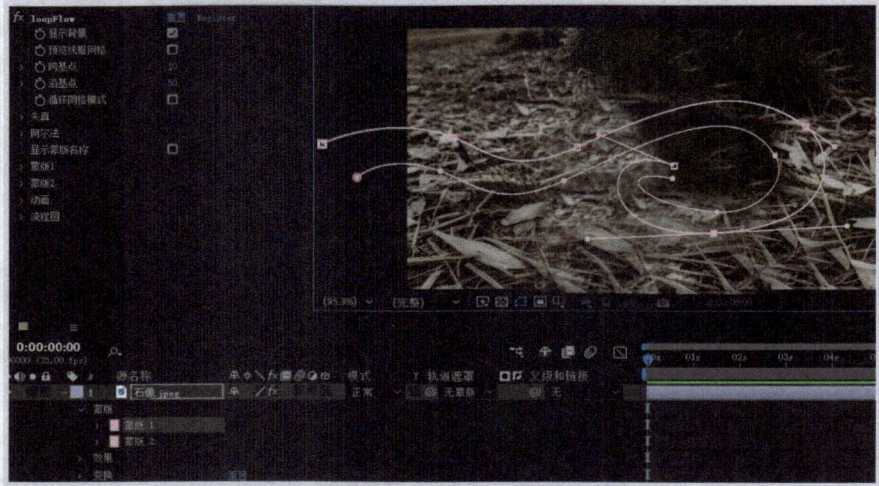
7．在"效果控件"面板对"LoopFlow"效果设置如下： 跨基点：30； 蒙版1：蒙版1； 蒙版2：蒙版2； 这样在两个蒙版之间的区域就形成基本动效	

步骤	图示
8. 在"效果控件"面板展开"LoopFlow"效果的"动画"→"动画速度噪声"项,设置如下: 噪声幅度:200; 噪声比例X:195; 噪声比例Y:250; 按住<Alt>键不松再单击"噪声偏移X"前的码表,输入表达式:time*3	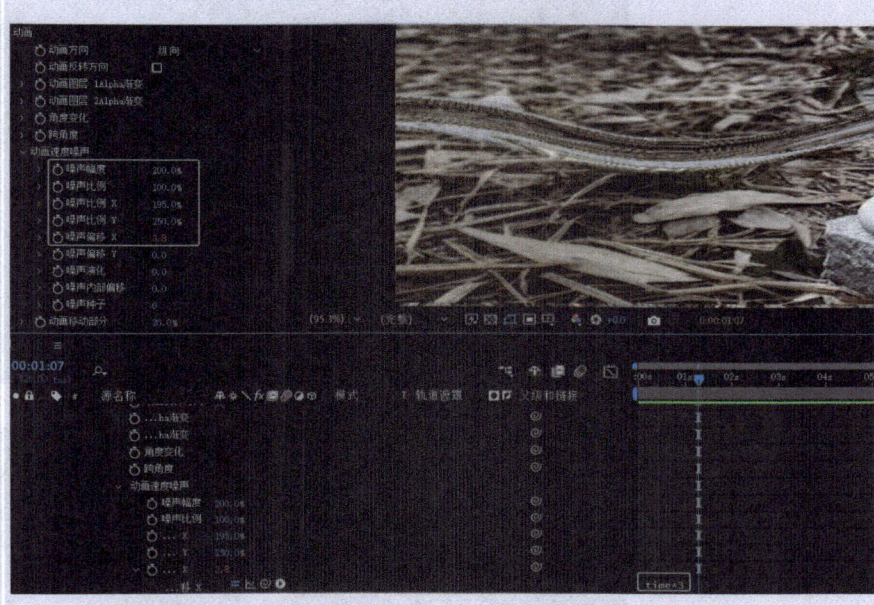
9. 按快捷键<Ctrl+D>将图层复制一份并将图层的"独显"项选中;在"效果控件"面板展开"LoopFlow"效果的"失真"→"失真噪声"项,设置如下: 显示背景:不勾选; 噪声幅度:7000	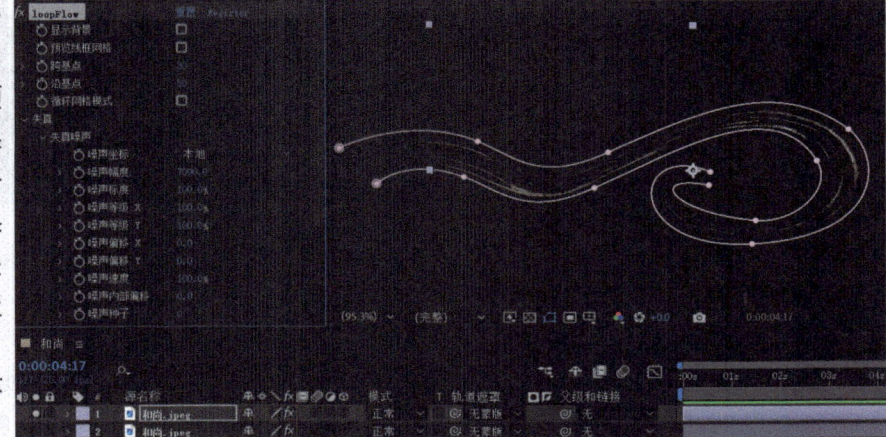

步骤	图示
10. 从"效果和预设"面板添加"色光"效果，形成流动的七彩光效	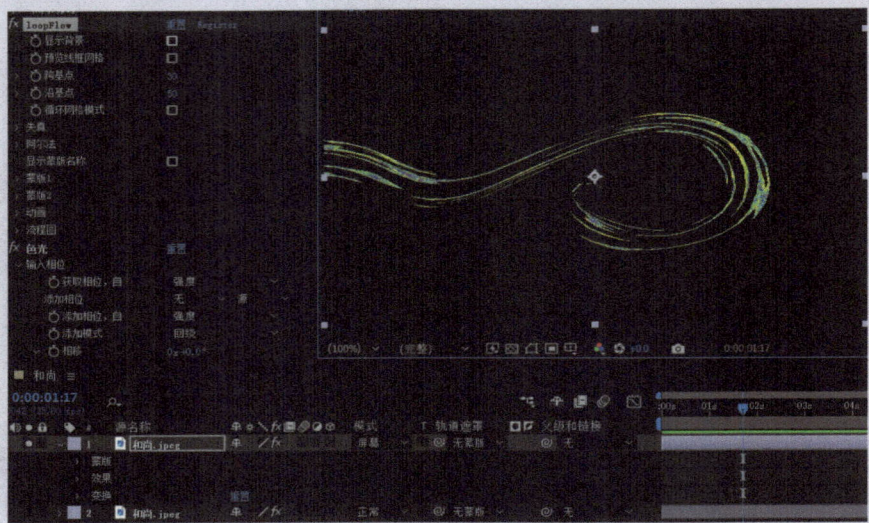
11. 继续从"效果和预设"面板添加"快速方框模糊"效果，设置如下： 模糊半径：2； 迭代：1； 将图层混合模式设置为"屏幕"，从而使七彩流光效果更加酷炫	

任务评价

1. 自我评价（在已掌握的项目前打√）

- □ 安装LoopFlow插件
- □ LoopFlow "蒙版"项设置
- □ "失真" → "失真噪声"项设置
- □ "快速方框模糊"效果设置
- □ 用"钢笔工具"绘制多组蒙版
- □ "动画" → "动画速度噪声"项设置
- □ "色光"效果设置
- □ 设置图层混合模式

2. 教师评价

任务完成情况：□ 优　　□ 良　　□ 合格　　□ 不合格

参 考 文 献

[1] 倪彤，许文静，张伟. 信息化教学技术[M]. 北京：清华大学出版社，2020.
[2] 倪彤. 用微课学图形图像处理：Photoshop CS6[M]. 北京：电子工业出版社，2016.
[3] 倪彤，葛冬云，张建强. 图像处理与影视制作一本通[M]. 北京：机械工业出版社，2019.